天津市教委（艺术学）一般项目——20102316

天津美术学院"十二五"规划教材立项及资助项目
"THE TWELFTH FIVE-YEARS"PLANNING,PROGRAMS OF TEACHING
MATERIAL & AID FINANCIALLY,TAFA

主编◎高 颖 彭 军

欧洲城市景观

东华大学出版社
·上海·

图书在版编目（ＣＩＰ）数据

欧洲城市景观 / 高颖，彭军主编．—上海 ：东华
大学出版社，2015.10
　　ISBN 978-7-5669-0622-9

　　Ⅰ．①欧… Ⅱ．①高… ②彭… Ⅲ．①城市景观—欧
洲—图集 Ⅳ．① TU-856

中国版本图书馆 CIP 数据核字 (2014) 第 219035 号

责任编辑：马文娟　　　李伟伟
封面设计：戚亮轩

欧洲城市景观
OUZHOU CHENGSHI JINGGUAN

主　　　编：高颖　彭军
出　　　版：东华大学出版社（上海市延安西路 1882 号　邮政编码：200051）

出版社网址：http://www.dhupress.net
天猫旗舰店：http://dhdx.tmall.com
营 销 中 心：021-62193056　　62373056　　62379558
印　　　刷：深圳市彩之欣印刷有限公司
开　　　本：889 mm×1194 mm　1/16
印　　　张：8.25
字　　　数：290 千字
版　　　次：2015 年 10 月第 1 版
印　　　次：2015 年 10 月第 1 次印刷
书　　　号：ISBN 978-7-5669-0622-9 / TU・020
定　　　价：68.00 元

前　　言

本书共分为四章，第一章为欧洲城市园林景观，第二章为欧洲城市广场景观，第三章为欧洲城市街道景观，第四章为欧洲城市滨水景观。

第一章主要讲述欧洲古典园林形式和现代城市园林风格，以及当代城市园林的特征。系统讲述德国汉诺威海恩豪森花园、卢森堡大峡谷公园、奥地利萨尔斯堡米拉贝尔宫花园、德国汉堡城市公园等案例。

第二章主要讲述欧洲古希腊、古罗马、中世纪、文艺复兴时期与巴洛克风格、绝对君权时期的古典风格以及现代欧洲城市广场。系统讲述比利时首都布鲁塞尔大广场、德国柏林的波茨坦广场等案例。

第三章主要讲述欧洲城市街道景观的变迁、城市街道景观的特征。系统讲述德国杜塞尔多夫国王大道、奥地利维也纳格拉本大街等案例。

第四章主要讲述欧洲滨水景观的设计特征。系统讲述德国杜塞尔多夫媒体港湾滨水景观、法国巴黎塞纳河滨水景观、匈牙利布达佩斯多瑙河滨水景观等案例。

本书通过大量实景图片的形式，让读者更全面地感受欧洲城市景观的风貌，能完整了解当代欧洲发达国家城市景观设计的现状。全书所采用的图片素材是从近7万张现场拍摄的照片中遴选而得，资料详实、完整。本书不仅是作者多年来一直从事环境艺术设计专业相关课程的教学、科研工作的经验总结，也是对欧洲城市景观亲身考察的真实感受，是综合了多年的教学经验和最前沿的一手素材。

本书在写作深度、广度等方面都充分体现环境设计专业独有的特征，可以作为环境艺术设计专业城市景观设计、园林设计相关课程的专业教材，以及建筑设计、城市规划设计、城市景观设计等相关专业的课程辅助教材；也可以作为从事建筑、园林景观、城市规划等相关专业设计师的参考资料。书中选用的案例均是欧洲最前沿的城市景观设计案例，能真实反映欧洲城市园林、城市广场、城市街道、城市滨水景观设计的现状和未来发展趋势。同时本书也是天津市社科类市级科研课题《用设计诠释生活——欧洲城市景观当代特征研究》的重要组成部分，是天津美术学院"十二五"规划资助教材项目之一，也是天津市市级精品课程《景观艺术设计》的完善与延展。

由于笔者所从事专业的局限性，专业知识和水平有限，编写时间仓促，书中难免有不当之处，恳请广大读者提出宝贵建议，在此表示诚挚的谢意。

编者

目录

Contents

| 第一章 | 欧洲城市园林景观

欧洲城市园林景观历史悠久，起源于3000多年前的古希腊、古罗马，古埃及、美索不达米亚、古波斯虽然地理位置上不属于欧洲版图，但对古希腊、古罗马，乃至欧洲古典园林风格有着重要的影响。漫长的中世纪是以修道院柱廊园和城堡园为代表，15世纪从意大利的文艺复兴时期开始，别墅园获得极大发展；17世纪下半叶法国王朝势力兴起，替代罗马教廷在欧洲文化上的主导地位，造园艺术称为"勒·诺特尔式"；后又经历英国自然风景园阶段，各时期风格迥异而又一脉相承，均达到极高的艺术造诣，无不成为人们向往的"胜地"（图1-1）。近代工业革命在欧洲的率先爆发，使其在建造技术、设计理念等诸多领域占据领先地位。深厚的传统园林文化底蕴结合现代工业文明的成果，以技术为基础，走着艺术的路，实现了欧洲现代城市园林景观设计的繁荣发展（图1-2）。当今"全球化"成为一种趋势，当代欧洲城市景观设计无疑对我国城市建设产生重要的影响，无论是从景观的营造技术、城市景观设计实践，还是理论的系统性等诸多方面都值得借鉴。

图1-1 凡尔赛宫大花园

图1-2 德国科隆城市园林景观

第一节 古典园林

人类最初的造园活动始于新石器时代的园囿——菜园与猎苑，其功能则为纯实用价值的生产单位，不包含装饰意味或审美情趣。随着人类社会演进到文明阶段，宗教信仰与阶级分化导致了早期建筑类型的产生。几千年后，人们逐步将审美的装饰趣味扩展到建筑的外部环境，将原来用于生产的菜园与猎苑改造成富有审美意义的庭园与林苑，开创了人类文化的造园史。

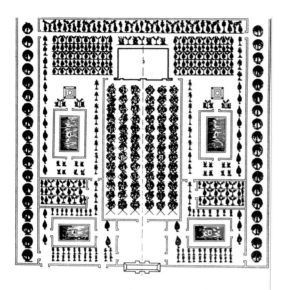

图1-1-1 古埃及园林平面示意图

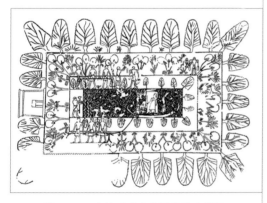

图1-1-2 古埃及法老宅园平面示意图

图1-1-3 古巴比伦伊甸园

一、古埃及园林

古埃及文明约起源于公元前3100年，就地理气候而言，尼罗河流域土地肥沃，雨水稀少，天气酷热，多为沙漠地带，树木难以成林，因此古埃及人对高大的植物和水特别偏爱，便把"绿洲"作为造园模拟的对象。或许正因为这种不甚理想的自然条件，促成了埃及文明在人类造园史上的早期活动。尼罗河每年泛滥，退水后需要丈量耕地，因而发展了几何的概念并用于园林设计，水池、水渠的形状方整规则，建筑、植物也多按几何形状加以安排，最早的规整式园林出现了。

现存世界造园史上最早有形象记载的庭园即见于公元前3000年左右的古埃及墓穴壁画（图1-1-1）。古埃及早期的庭园类型主要有三种：法老宅园、神苑、陵苑。这三种类型分别反映了古埃及文明，乃至人类文明起源之初三种最基本的价值观。就造园意义而言，法老宅园是最早出现的私家庭园；神苑是为强化神圣气氛、装饰神庙环境而设；陵苑的兴起源于人们对现世与来世关系的解释，并进而产生出古埃及特有的庭园葬礼习俗。上述三种类型中，当数法老宅园的装饰性最强，其造园特征为平面呈方形或矩形，周边环以高墙，入口处设造型独特的塔门，庭中央设方形或矩形水池，池周环植树木花草，布局极为规则整齐（图1-1-2）。

二、美索不达米亚园林

美索不达米亚文明位于两河流域，地理气候良好，天然森林资源丰富，是起源最早的人类文明（约公元前3500年）。有关这一地区的最早的造园史料是《圣经·旧约》中的"伊甸园"（图1-1-3）。此外，美索不达米亚文明最初的造园类型亦有三种：猎苑、神苑和宫苑。初期以猎苑为盛，造园手法是在良好的森林环境中设置少量的小型祭祀性建筑，作为点缀；神苑与古埃及相似，树木呈规则状排列在神庙周围；宫苑则是有别于古埃及的城邦社会结构的产物。由于美索不达米亚文明时期民族不同和土地争夺频繁，城邦与帝国呈交替演化状态，每当社会向中央集权趋势发展之际，文明与文化便可获得促进，造园尤其是宫苑的规模与艺术也有极大进展。

新巴比伦王尼布甲尼撒所造的高达50米的"空中花

园"（图1-1-4），可谓美索不达米亚文明的城邦文化的代表，为人类造园史作出了杰出贡献。"空中花园"基础边长48米，台层为正方形，在此基础上呈台阶式上升，上面的台层逐渐缩小，上台层距地面约25米，最底层为长45米，宽40米；第2层为长40米，宽30米。第1层有8米高，其中包括2米厚的种植土；第2层高13米，也有同样厚的土层；最上面的两层各有1米厚的土层。整个花园共有14个拱形的厅，配置在拱形走廊的两侧。高耸的花园平面由架在一些立方体上的拱门支撑，这些空心的立方体内填满了土。传说是皇帝尼布甲尼撒为其米底出生的皇后所建，也有的认为是一位亚述出生的皇帝为其波斯出生的妃子建造的，以便使她联想到家乡的风景。

三、古希腊城邦园林

公元前16世纪至公元前10世纪之间，古代近东和爱琴海等地区的遗址中出现了宫廷造园，如耶路撒冷的所罗门庭园、克里特岛米诺斯的"迷宫"等。随着爱琴海文化由克里特时期转向迈锡尼时期，早期文明的造

图 1-1-4 古巴比伦空中花园

图 1-1-5 古希腊园林——宙斯神殿圣林

图 1-1-6 古希腊园林——宙斯神殿圣林

园艺术进入希腊城邦文化，经由欧洲古典文化的参与，并受公元前5世纪以后波斯帝国伊斯兰造园艺术的影响，形成脉络更为清晰的欧洲造园艺术（图1-1-5、图1-1-6）。

希腊的园艺兴盛于公元前5世纪城邦文化的鼎盛时期。由于社会强盛，民主精神兴起，社会结构不同于以往，文人与市民在社会中获得重要地位。因此，希腊的三种造园类型最为突出：普通市民居住的列柱中庭式宅园（柱廊园）、大哲学家私邸的文人园、群众公共活动用的体育场和"圣林"（即神苑）。柱廊园承袭于公元前8世纪迈锡尼文化时普通市民住宅中的起居室式大厅——以列柱环绕内天井呈内向封闭状。这种布局形式在罗马、中世纪及文艺复兴时期一再获得重视和衍化，可谓欧洲造园的基本成分之一。欧洲的文人园始于公元前3世纪前后的雅典，据传享乐主义哲学家伊壁鸠鲁为创始人，另有柏拉图等大哲学家都设有自己的私家园林。体育场公园和圣林分别是在体育设施和神庙周围规则排列的高大树木园，其间点缀亭、廊和雕塑小品，如神像、翁罐或杰出的运动员半身像之类。

图1-1-7 古波斯园林

四、古波斯园林

古波斯是公元前5世纪与希腊同时兴起的，与罗马帝国持续抗衡达7个世纪之久的古代大帝国。由于地处中亚高原，土地贫瘠，气候恶劣，虽与西亚的两河流域相邻，终因地理气候的差异，在造园艺术上与美索不达米亚不尽相同。波斯早期造园类型主要是猎苑、宫苑和别墅园，史料记载有名为"天堂园"的庭园，四周围墙。公元6世纪中叶，波斯的萨珊王朝达帝国鼎盛期，其造园形式为矩形平面，用十字形苑路分为"田"字布局，路边或设水渠，园正中设矩形水池或凉亭，池边镶兰色花砖。水是波斯造园艺术中最重要的因素，被视为天堂的象征；园内植草坪、花坛、果树，周边设围墙，沿墙内种植高大绿荫树，布局形式较之埃及的更为规则（图1-1-7）。

图1-1-8 古罗马园林——哈德良别墅

五、古罗马别墅园林

古罗马北起亚平宁山脉，南至意大利半岛南端，境内多丘陵山地。冬季温暖湿润，夏季闷热，而坡地凉爽。

图1-1-9 古罗马园林——哈德良别墅

这些地理气候条件对园林布局风格有一定影响。罗马帝国初期尚武，对艺术和科学不甚重视，公元前190年征服了希腊之后才全盘接受了希腊文化。罗马在学习希腊的建筑、雕塑和园林艺术基础上，进一步发展了古希腊园林文化。

罗马造园艺术在5世纪达到极盛，并随其帝国势力的扩张而影响地中海沿岸地区。由于新的社会结构和多种文化的融合，又一次导致造园艺术发生明显的衍化，其中罗马新兴社会权贵和富裕市民阶层的兴起，极大地促进了别墅园的发展。其园艺仍以希腊传统为主，同时汲取东部强国波斯和地中海沿岸地区的造园艺术，除在居住建筑核心部分设立希腊传统的列柱中厅之外，在整体布局上又分田园型和城市型两种，后者布局规整，依坡而设，由此始创造园史上的"露台"形式，同时引入波斯造园中以水为重的成分（图1-1-8、图1-1-9）。

六、欧洲中世纪基督教园林

欧洲中世纪特指从476年西罗马帝国灭亡直至15世纪的文艺复兴时期，这个时期基督教文化占据了中世纪文化的主要地位，因此出现了修道院柱廊园；同时这一时期的欧洲没有一个集权式的政权来统治，封建割据和封土制度使得城堡林立，城堡园得以发展。

（一）修道院柱廊园

修道院柱廊园受教义与经济方面的限定，园艺性颇为简易。其形式表现为：以罗马的列柱回廊围合伊斯兰式的"田"字型中庭——由十字军从西亚引入。具有严整的几何形平面，广泛应用装饰性水池和喷泉，还常常利用盆栽的植物作装饰，也有起装饰美化作用的花坛、花架、廊等（图1-1-10、图1-1-11）。

（二）城堡园

城堡园也是基督教传播区的重要造园类型，风格多为规则式，主要流行于德国与奥地利等欧洲中部地区（图3-1-12、图3-1-13）。此地区自13世纪以后即处于哈布斯堡家族统治下的"神圣罗马帝国"——诸侯国或大公国林立，帝国不设首都，皇帝以终年巡视的方式执政。这种独特的统治形式导致了这一地区城堡行宫别苑增多，这些宫苑的规模虽不甚宏伟，园艺却极为精致华美，造园风格主要受法国影响。

图 1-1-10 修道院柱廊园

图 1-1-11 修道院柱廊园

图 1-1-12 城堡园

图 1-1-13 城堡园

七、伊斯兰园林

7世纪，随着阿拉伯人的伊斯兰教的兴起，建立了横跨欧、亚、非的阿拉伯帝国，伊斯兰园林也随之广泛流传，形成世界三大园林体系之一，也极大影响了欧洲古典园林。阿拉伯人广泛吸收了两河流域、古埃及以及波斯的园林艺术形式，伊斯兰园林建筑物大多通透开畅，并以彩色陶瓷马赛克图案装饰；水池或水渠为中心象征天堂，池水缓缓流动，伴随着轻微悦耳的声音，构成一种深邃幽谧的氛围。

位于伊比利亚半岛西班牙的阿尔罕布拉宫（图1-1-14）内的桃金娘中庭（图1-1-15）和狮子院（图1-1-16、图1-1-17）是其杰出代表。桃金娘中庭长43米，宽23米，

1. 图 1-1-14 阿尔罕布拉宫
2. 图 1-1-15 阿尔罕布拉宫桃金娘中庭
3. 图 1-1-16 阿尔罕布拉宫狮子院
4. 图 1-1-17 阿尔罕布拉宫狮子院

图1-1-18 意大利台地园
——埃埃斯特庄园

图1-1-19 意大利台地园
——埃埃斯特庄园

图1-1-20 意大利台地园
——埃埃斯特庄园

中心是一个长方形水池，池水反射出马蹄形券廊的倒影，使人感觉
宫殿建筑仿佛漂浮起来；水池旁则是两列修建整齐的桃金娘树篱，
中庭也因此得名。狮子院长35米，宽20米，四周均为精雕细琢的
马蹄形券廊，纵横两条水渠贯穿全院。正中央是由12座大理石石
狮围成一圈形成的喷泉，水从石狮口中喷出，再经由水渠导入围绕
中庭的四条通廊，分别代表水河、乳河、酒河、蜜河。

八、意大利文艺复兴园林

人性的解放以及对古希腊、古罗马灿烂文化的认知，开创了
意大利"文艺复兴"的高潮。人权的兴起和贸易活动促进了别墅
园的发展。初期以佛罗伦萨为主，16世纪至17世纪中叶中心转至
罗马教皇国。造园艺术以阶梯式露台、喷泉和庭园洞窟为主要特
征，布局规则。文艺复兴末期，意大利造园又引入巴洛克艺术风
格，前后主导欧洲造园两个半世纪。意大利半岛三面濒海，山地
众多，阳光明媚，气候炎热，但处于稍高处，就会有凉爽的微风
吹拂。又由于当时财富的积累，使得在郊外经营别墅作为休闲的
场所成为时尚，别墅园逐渐成为意大利文艺复兴园林中的最具有
代表性的一种类型。代表作有埃埃斯特庄园、兰特庄园与法尔耐
斯庄园。

别墅园多半建置在山坡地段上，就坡地势而作成若干层的台
地，即所谓台地园园林的规划设计一般都由建筑师担任，因而运用
了许多古典建筑的手法——主要建筑通常位于山坡地段的最高处，
在宅的前面沿山坡而引出的一条中轴线上开辟一层层的台地，分别
配置保坎平台、花坛、水池、喷泉、雕像，各层台地之间以蹬道相
联系，中轴线两旁栽植高耸的丝杉、黄杨、石松等树丛作为园林本
身与周围的自然环境之间的过渡，站在台地上顺着轴线的纵深方向

图1-1-21 意大利台地园
——兰特庄园

图1-1-22 意大利台地园
——兰特庄园

图1-1-23 意大利台地园
——法尔耐斯庄园

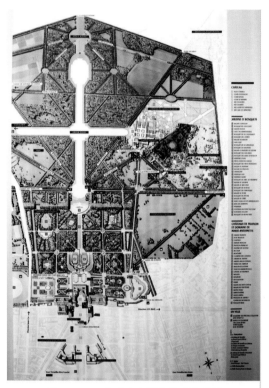

图 1-1-24 法国凡尔赛大花园平面图

图 1-1-25 拉冬娜喷泉

图 1-1-26 大型绣毯式植坛

眺望，可以收摄到无限深远的园外借景。这是规整式与风景式相结合而以前者为主的一种园林形式。

理水的手法远较过去更为丰富，于高处汇聚水源作贮水池，然后顺坡势往下引注成为水瀑、平濑或流水梯。在下层台地则利用水落差的压力做出各式喷泉，最低一层台地上又汇聚为水池，此外常有为欣赏流水声音而设计的装置，甚至有意识地利用激水之声构成音乐的旋律。水池平静的水面与流动湍急的瀑布形成鲜明的对比（图1-1-18～图1-1-20）。

作为装饰点缀的园林小品也极其多样，那些雕镂精致的是栏杆、石坛罐、保坎、碑铭以及为数众多的、以古典神话为题材的光亮晶莹的大理石雕像，在暗绿色的丝衫树丛与碧水蓝天的掩映下，产生一种生动而强烈的色彩和质感的对比。

意大利文艺复兴园还出现一种新的造园手法——绣毯式的植坛，这是为满足站在台地园的高处的俯视效果，即在一块大面积的平地上利用花灌木等修剪、镶嵌成各种图案，好像铺在地上的地毯（图1-1-21～图1-1-23）。

九、法国勒·诺特尔式园林

法国多平原，因此把中轴线对称均齐的整齐式的园林布局手法运用于平地造园。17世纪法国君主专制政权达到顶峰，国王路易十四则运用一切文化艺术手段来宣扬君主的权威，"勒·诺特尔式"园林应运而生。勒·诺特尔式即法国宫廷园林的统称，因法国凡尔赛宫大花园的设计者安德烈·勒·诺特尔而得名。

其园艺形式是由刺绣花坛、露台、群雕法水、林荫道等手法组成的轴对称规则园，气势恢弘开阔，色彩绚丽，颇富纪念性。其总体特征与意大利造园相比，更具几何形的平面图案效果。该风格在欧洲中部颇为盛行，影响极大。园林规划充分体现理性的精神，逻辑原则高于想象和情感。局部从属于总体为规划的基础，应用长而宽的透视法（区别于文艺复兴时期意大利园林中的短透视），装饰性水池呈水平如镜的形式（没有巴洛克式水池的那种音响效果），广泛应用修剪成型的技术和桶栽植物；应用沉床园（设置花坛的地方被降低了）和高

图1-1-27 海神波塞冬喷泉

图1-1-28 大特里阿农别墅园

图1-1-29 凡尔赛大花园

床园（被抬高的），有些林荫道被连续覆被着有攀援植物的棚架，所有这些被有机地组织在艺术统一体之中。

　　法国凡尔赛宫大花园占地约101公顷（图1-1-24），纵横交错的放射形林荫道的交叉点与端点作为装饰重点，形成一系列的视景线。距宫殿越远，规划的各个局部也越大，其宽敞程度也愈来愈大，这种"相反的透视法"产生一种空间的节奏加强的印象。宫殿建筑的北部是拉冬娜喷泉（图1-1-25），南部有桔园和温室，宫殿建筑西面的开阔平地为左右对称布置的几组大型的"绣毯式植坛"（图1-1-26）。以海神波塞冬喷泉（图1-1-27）为中心的十字型的大水渠长边达1600米，大水渠北端为大特里阿农别墅园（图1-1-28），南端为动物饲养园。水池、喷泉、台阶、保坎、雕像等建筑小品以及植坛、绿篱均严格按对称均齐的几何格式布局（图1-1-29）。

图1-1-30 英国邱园

十、英国风景式园林

　　"风景园"始于英国18世纪伊丽莎白时期，英伦三岛多起伏的丘陵，为了毛纺工业的发展而开辟了许多牧羊的草地，如茵的草地、森林、树丛和丘陵地貌相结合，构成英国天然风致的特殊景观。在这一时期，因殖民活动从东方，尤其是中国引入仿自然山水式造园艺术，并由此形成不规则的、呈自然山水林木状的造园风格。至19世纪，风景式造园随不列颠帝国在世界范围的扩张而影响欧洲，成为与法国的"勒·诺特尔式"风格迥异的又一支欧洲造园流派。

　　水池不再是规整的几何形状，地形也略加自然起伏，植物采用孤植、树丛、群植等形式去模拟自然生长状态，道路、湖岸、林缘线等也多均采用自然圆滑曲线。尽量减少人工痕迹，如主体建筑的自然过渡，把园墙修筑在深沟之中的"沉墙"手

图1-1-31 英国邱园

图 1-1-32 英国斯托海德公园

图 1-1-33 英国斯托海德公园

图 1-1-34 英国斯托海德公园

图 1-1-35 英国斯托海德公园

法等，最终形成一种近乎自然，返璞归真的园林风格。代表作为邱园、斯托海德公园等。

英国邱园正式名称为皇家植物园，位于英国伦敦泰晤士河边，始建于1759年，由最初的3.5公顷扩建到如今的121公顷。邱园建有水生植物园、玫瑰园、竹园、杜鹃园、草园、树木园等26个专业花园（图1-1-30、图1-1-31）。

斯托海德公园的构图中心为宫殿，宫殿前由南、北两面组织长方形的开阔空间，往南的透视线以乔治一世国王的雕像作为结束，往北则是平静的水面。利用具有山谷、山丘的起伏地形，开辟了小草地和各种形状的水池。从平面图中可以看出，园中布置了各种有装饰性的局部，如维纳斯神殿、酒神殿及其他雕塑岩洞等（图1-1-32～图1-1-35）。

第二节 欧洲现代城市园林景观

19世纪下半叶，人类文明进入工业社会。美国承袭英国崇尚自然的风景式造园风格，并将其引入现代城市文明生活，于1845年与底特律设立850英亩的百丽岛城市花园（图1-2-1），首创现代城市公园类型，

1872年又设立黄石公园（图1-2-2），首创现代以天然景观作为国家公园这一新的造园类型。城市公园和国家公园的产生意味着人类造园史进入一个新阶段。

不论是东方还是西方，古典园林产生的社会基础早已不复存在。现代园林是为建设具有良好的园林生态环境的现代城市而产生的，它的任务不仅是为城市广大居民创建游憩场所，更重要的是建设花园城市，创造舒适、优美的城市环境。

现代园林的理论和实践，开始于20世纪初。1902年英国出版了埃比泽·霍华德著的《明天的花园城市》，1911年澳大利亚联邦政府确定了堪培拉森林城市建设的规则，一个崭新的建设园林城市的观念便在国际上出现。随着现代经济的迅速发展，花园城市不断涌现。澳大利亚首都堪培拉绿化覆盖率为58%，人均公共绿地70平方米，与堪培拉齐名的世界花园城市华沙、维也纳（图1-2-3）和斯德哥尔摩（图1-2-4）等的出现，也为世界各国现代园林建设提供了丰富的经验。

一、现代城市园林景观设计的萌芽时期

从18世纪末开始的工业革命使得城市人口迅猛增长，而城市的无序扩张使英国许多城市环境恶化，英国政府划出大量土地用于建设公园和注重环境的新居住区，英国和欧洲其他各大城市也开始陆续建造为公众服务的公园。在此期间并没能创立一种新的造园风格，多以新古典主义、折衷主义等的面貌出现。

19世纪下半叶，英国的一些艺术家针对工业化带来的大量机械工业产品对传统手工艺造成的威胁，发起"工艺美术运动"，他们推崇自然主义，提倡简单朴实的艺术化手工产品。代表作为英国利物浦伯肯海德公园（图1-2-5）。这一时期人们更多地徘徊于规整与自由的形式问题上，工艺美术运动的提倡人威廉·莫里斯就认为，园林决不可一成不变地照搬自然的变化无常和粗糙不精；而以建筑师布鲁姆菲尔德为代表的另外一方则强调运用接近自然的形式。

19世纪末至20世纪初发源于比利时、法国的"新艺术运动"进一步脱离古典主义风格，引发了欧洲艺术的现代主义浪潮，强调曲线、动感与装饰。"维也纳分离派"建筑师们创造了大量基于矩形几何图案的建筑要素，如花架、几级台阶、长凳和铺装等。其代表作为斯托克莱宫的花园（图1-2-6）。

图 1-2-1 美国百丽岛城市花园

图 1-2-2 美国黄石公园

图 1-2-3 世界花园城市维也纳

图 1-2-4 世界花园城市斯德哥尔摩

图1-2-5 英国利物浦伯肯海德公园

图1-2-6 斯托克莱宫

图1-2-7 西班牙巴塞罗那Guell公园

以西班牙安东尼奥·高迪为代表的建筑师则另辟蹊径，从自然界的贝壳、水漩涡、花草枝叶获得灵感，采用几何图案和富有动感的曲线划分庭园空间，组合色彩，装饰细部，代表作为西班牙巴塞罗那的古埃尔公园（图1-2-7）。

这一时期的园林设计师们逐渐摆脱古典手法主义的束缚，逐渐抛弃了风景式的园林形式，更多地去关注园林的空间艺术处理，为现代主义园林的产生做了积极的探索。

二、现代城市园林景观设计的诞生时期

1920年以来，西方各种艺术流派竞相争鸣，印象派、野兽派、未来派、风格派以及达达主义、表现主义、立体主义等，对西方现代艺术的发展产生了重要的影响，艺术创作的主流由具象转变到抽象。

一些景观设计师开始尝试新风格的运用，通过直线、矩形和平坦地面强化透视效果，或直接将野兽派与立体主义绘画的图案、线型转换为景观构图元素。随后，更多现代主义建筑师将新建筑设计的原则与环境的联系进一步加强，但这一时期园林景观仍然被视为建筑的延伸或建筑的背景，仍作为建筑和其他构筑形态的附属部分，虽然从抽象艺术得到滋养，但尚未形成独立的完整学科。

1925年法国巴黎举办了国际现代工艺美术展，被视为"现代园林发展的里程碑"。主要作品有建筑师占埃瑞克安设计的"光与水的园林"（图1-2-8），著名的家具设计师和书籍封面设计师P. E. Legrain设计的Tachard花园等。这些作品打破了以往的传统园林的理念，探索性运用现代的几何构图手

图1-2-8 法国巴黎光与水之园

图 1-2-9 唐纳花园

图 1-2-10 唐纳花园

图 1-2-11 唐纳花园

图 1-2-12 唐纳花园

法，与长期以植物占主导不同，开始强调对无生命的物质（墙、铺地等）的表达。

20世纪30年代中期以后，美国的风景园林师斯蒂里将欧洲现代主义设计思想引入美国，最终导致了哈佛风景园林系的"巴黎美术学院派"教条的解体和现代设计思想的建立，并推动美国的风景园林行业朝向适合时代精神的方向发展。这就是著名的"哈佛革命"，它宣告了现代主义景观设计的诞生。其代表人物为丹·克雷、埃克博、罗斯坦、贝里斯、奥斯芒德森和哈普林，而托马斯·丘奇则是其领军人物。

托马斯·丘奇设计的唐纳花园（图1-2-9～图1-2-12）被认为是形成了真正意义的现代景观设计。受到"立体主义""超现实主义"的影响，在满足所有的功能要求的基础上，锯齿线、钢琴线、肾形、阿米巴曲线的合理运用共同形成简洁流动的平面。他开始运用除植物外的各种材料，思维重点也越来越倾向于对空间尺度的处理以及空间的区分和联系。

1930—1940年，在战争阴云笼罩下的欧洲，设计师更多地是在一些没有受到战争破坏的北欧国家继续推广具有本土特色的现代主义，形成斯德哥尔摩学派。他们根据地区特有的自然、地理环境特征，采取自然或有机形式，以简单、柔和的风格创造本土化的富有诗意的景观。

图1-2-13 爱之喜广场（1961年）

图1-2-14 柏蒂格罗夫公园

图1-2-15 演讲堂前庭广场

图1-2-16 斯德哥尔摩学派作品

三、现代城市园林景观设计的发展时期

二战后的美国继续高举现代城市园林景观大旗，其中以哈普林为代表，他于1961年为波特兰市设计了许多园林和广场景观，其中包括生机勃勃的爱之喜广场（图1-2-13）、松弛宁静的柏蒂格罗夫公园（图1-2-14）以及雄伟有力的演讲堂前庭广场（图1-2-15）。在这些设计中景观既是观赏的景色，更是可参与进去的游憩设施。其诸多设计灵感均来源于设计师对自然环境的体验，如爱之喜广场休息廊的不规则屋顶，来自于对洛基山山脊线的印象；喷泉的水流轨迹来自于席尔拉瀑布的感受；堂前庭广场的大瀑布，是对美国西部悬崖与台地的大胆联想。

二战结束后的欧洲在一片瓦砾堆中开始重建，源于二战期间的工业竞赛和科技革命，大大促进当代景观的形成，许多城市将公园绿地作为重要城市规划内容。英国开始建设新城以疏解大城市的膨胀，充分利用原有地形和植被条件以构筑城市景观骨架；华沙、莫斯科等的重建计划都把限制城市工业、扩大绿地面积作为城市发展的重要内容；联邦德国侧重于改善城市环境，调整城市结构布局，促进城市重建与更新；以瑞典为代表的"斯德哥尔摩学派"进一步影响斯堪的纳维亚半岛国家，许多城市将公园连成网络系统，为市民提供散步、运动、休息、游戏空间和聚会、游行、跳舞甚至宗教活动的场所。这个时期的欧洲景观设计师认为园林艺术应是自由、不受限制的，景观设计应该振奋人心，形式与功能应紧密结合，采用非传统材料和更新传统材料，创造一个能被深入体验的场所（图1-2-16）。

四、现代城市园林景观设计的多元化时期

20世纪60年代以来，欧美进入全盛发展期，但经济高速发展所带来的各种环境问题也日趋严重，一部分景观设计师开始反思以往沉迷于空间与平面形式的设计风格，主张把对社会发展的关注纳入到设计主题之中。他们在城市环境规划设计中强调对人的尊重，借助环境学、行为学的研究成果，创造真正符合人的多种需求的人性空间；在区域环境中提倡生态规划，通过对自然环境的生态分析，提出解决环境问题的方法。此外，艺术领域中各种流派如解构主义、波普艺术、极简艺术、装置艺术、大地艺术等的兴起也为景观设计师提供更宽泛的设计语言素材，一些艺术家甚至直接参与环境创造和景观设计。

1970年代以后，设计师重新探索形式的意义，开始从现代主义的简洁、纯粹的束缚中解放出来，不断从传统园林中重拾设计语汇，充分运用历史上各种有益的园林思想与语言来发掘景观更深邃的文化内涵。尤其是信息革命的到来，拉近了人们的交往距离，社会也比以往更宽容地容纳各类思潮和各种尝试，再也不会有一种设计风格主导天下的情况。现代主义仅仅是影响城市园林景观设计风格的多种思潮之一，在各种主义与思潮多元并存的当代，城市园林设计呈现出与其他设计类别一样前所未有的多元化与自由性特征。

图 1-2-17 螺旋形防波堤

（一）大地艺术

大地艺术又称"地景艺术""土方工程"，是指艺术家以大自然作为创造媒体，把艺术与大自然有机地结合创造出的一种富有艺术整体性情景的视觉化艺术形式。20世纪六七十年代在美国兴起，起源于对工业社会生活的厌倦，向往自然的回归，主张在大自然中创作巨大尺度的作品，呈现出一种原始的自然和宗教式的神秘，引起人们心灵的震颤和净化。

代表作有美国罗伯特·史密森的螺旋形防波堤，瓦尔特·德·玛利亚的闪电的原野，克里斯多制作的流动的围篱（图3-2-19）、包围岛屿，乔治·哈格里夫斯的辛辛那提校园中心绿地，林璎的波场，野口勇的耶鲁大学贝尼克珍藏书馆下沉庭园等。

图 1-2-18 闪电的原野

1.螺旋形防波堤

该堤位于美国犹他州布里格姆以西30英里处，是美国艺术家罗伯特·史密森于1970年完成的，螺旋长450米，宽4.57米，共使用了约665吨黑色玄武岩、石灰岩和泥土。一直延伸到大盐湖深处的螺旋状防洪堤似乎要把大海抱在怀里，艺术家表达了人类不应该抗拒海洋的情感诉求（图1-2-17）。

2.瓦尔特·德·玛利亚的闪电的原野

闪电的原野位于美国新墨西哥州沙漠的一块荒地，瓦尔特·德·玛利亚于1971年完成。他利用400根高6.27米的钢柱，在长一英里，宽一公里的范围内，布置成矩阵，每年雷雨季节，很多闪电就会在这些电极中跳跃，形成非常壮丽的景观。作品传达了一种对于自然界灾难的重新审视，既不用害怕，也不应回避，而是应抱有一种欣赏的态度去面对（图1-2-18）。

图 1-2-19 流动的围篱

3.克里斯多制作的流动的围篱

流动的围篱于1976年制作完成，位于美国北加利福尼亚州，高5.5米，长39.4千米，每隔18.9米插一根钢柱，用白色

图 1-2-20 包围岛屿

1. 图1-2-21 美国纽约中央花园
2. 图1-2-22 布鲁克林的希望公园平面图
3. 图1-2-23 波士顿公园

尼龙布围裹，翻山越岭直达大海，蜿蜒若中国的万里长城。作品试图重新寻求陆地与海洋的某种联系，表达着自由和信仰（图1-2-19）。

4.克里斯多制作的包围岛屿

包围岛屿于1983年制作完成，位于美国佛罗里达沿海的岛屿上。漂浮的红色遮雨布试图把这些小岛包裹起来，不让海洋垃圾污染到。作品体现了干预自然的意图，表达的是对海洋污染以及脆弱的海洋生态的忧虑（图1-2-20）。

（二）生态主义

建立城市的初衷是营造区别于天然环境的人类聚居地，免受自然灾害，但随着技术的进步，城市变得愈来愈脱离自然，人类活动对自然环境的破坏到了威胁自身发展和后代生存的境地，人们逐步意识到城市园林景观不仅是一种耀眼的装饰，更应该重视其生态性。

人类开始以前所未有的热忱开始关注自身的生存环境，从形式美以及本土文化的陶醉中清醒过来，开始懂得用植物而非人工大坝能更有效地防止水土流失，用微生物而非化学品能更持久地维持水体洁净，太阳能比核电站更安全，泥质护岸比水泥护岸更经济持久，自然风比人工空调更有利于健康。"设计尊重自然"这一概念早已引起众多设计师们的共鸣，并成为当代景观设计的最强音，它反映了人们对于现代科技文化所引起的环境及生态破坏的反思。在这种大背景下，"生态设计"被提出来，它的核心，宣扬的是"3R"思想，即Reduce、Recycle、Reuse，它要求不仅减少物质和能源的消耗，减少有害物质的排放，而且要使产品及零部件能够方便地分类回收并再生循环或重新利用。例如在水景方面的处理，一些工业废弃地改造通过雨水利用与回收，解决大部分的景观用水；园中的地表水汇集到高架桥底被收集后，通过一系列净化处理后得到循环利用，不仅形成了落水景观，同时也实现了水资源的充分利用。

美国海洋生物学家雷切尔·卡尔逊《寂静的春天》一书的问世，使沉浸在工业带来的财富中的人们开始反思现实。林恩·怀特、加勒特·哈丁、多纳拉·米德斯、奥姆斯特德等人也都通过研究揭示了环境、资源和人类生活所面临的危机，一些景观设计师也在不断探索如何通过景观生态设计的手段来改善人类的生存环境。纽约中央公园（图1-2-21）、布鲁克林的希望公园（图1-2-22）、波士顿公园（图1-2-23）以及芝加哥的滨河绿地等都是美国景观设计之父奥姆斯特德在其长达30年的职业生涯中对环境与自然充分理解的杰作。1969年，伊恩·麦克哈格《设计结合自然》的问世，将生态学思想运作到景观设计中，把景观设计与生态学完美地融合起来，开辟了生态化景观设计的科学时代。

"德国鲁尔区艾美熙工业景观改造"、"慕尼黑旧机场改造"和"巴伐利亚环保部景观设计"均是其中的代表范例。鲁尔工业区曾经聚集了大量的大型工矿企业，如今许多残存的重型机械和高炉、气罐不仅成了人们游玩的项目，更是过去工业化发展进程的象征，生态系统的改造也使得该地区的生态环境有了长足的改善（图1-2-24）。在慕尼黑旧机场改造项目中，设计师以生态的理念，将慕尼黑老机场规划成包含住宅和商业大楼的里姆博览城、慕尼黑的新展会（图1-2-25）和里姆公园（图1-2-26），并通过多变的手法，将三者自然地衔接起来，并成功举办了2005年德国园艺展。巴伐利亚州环保

1. 图 1-2-24
   德国鲁尔区艾美熙工业景观改造

2. 图 1-2-25
   德国慕尼黑旧机场改造——慕尼黑新展会

3. 图 1-2-26
   德国慕尼黑旧机场改造——里姆公园

4. 图 1-2-27
   德国巴伐利亚州环保部景观设计

部景观设计中，设计师充分体现了最小干预、最大促进原则，并没有对场地进行大规模的人为改造，而是利用原有地形及植被，优先保护好原有的生境条件，在建筑物的周围和一些细部作了非常巧妙而合理的布置，使得整个景观设计充满出生态的气息，充分体现了"人·自然·技术"相融合的生态设计理念（图1-2-27）。

（三）后现代主义

20世纪60年代以来，后现代主义思潮的发展从早期的哲学观念到艺术创作再到建筑设计，最终渗透到景观设计领域。人们逐渐开始厌倦现代主义的唯功能性，开始批判国际化带来的城市景观的同质化现象，历史价值、伦理价值、传统文化价值重新得到重视，到了70年代中期，关于园林历史的学术研究已日趋完善。后现代主义在景观设计领域主要表现为对传统的理解、对场所的重视，以及对历史文脉的继承。而继承并不是对传统景观元素的简单复现，而是采用象征和隐喻的手法对传统进行阐述。

后现代主义主要代表作为查尔斯·摩尔的新奥尔良市意大利广场、玛莎·苏瓦兹的面包圈花园和乔治·哈格里夫斯的雪铁龙公园。

1.新奥尔良市意大利广场

该广场位于美国南方新奥尔良市意大利裔居民集中地区，1980年建成，由查尔斯·摩尔设计。这是一个集古典风格和神奇想象于一体的广场，它以历史片断的拼贴、舞台剧似的场景和戏谑式的细部处理，赋予场所"杂乱疯狂的景观体验"，这一结合文脉、经典与通俗融于一体的设计，成为后现

1. 图1-2-28 新奥尔良市意大利广场
2. 图1-2-29 新奥尔良市意大利广场

图1-2-30 雪铁龙公园局部鸟瞰

图1-2-31 雪铁龙公园大温室

图1-2-32 雪铁龙公园系列花园

代主义的经典之作。

广场一边有祭台，祭台两侧有数条弧形的由柱子与檐部组成的单片"柱廊"，采用五种典型的古典柱式，布置得错落有致，且全部漆成光彩夺目的颜色。建筑造型并非完全遵从古典范式，而是加以自由的甚至是随心所欲和玩世不恭的变化处理。考虑了当地居民的审美趣味，又考虑了与周围环境的协调，吸收了附近一幢摩天大楼的黑白线条，将之变化为一圈由灰色与白色花岗石板组成的同心圆，环绕广场的水池地面用石块组成的意大利地图模型，长约24米，圆心喷泉中涌出的水象征着阿尔卑斯山脉的高处流淌的瀑布（图1-2-28、图1-2-29）。

2.雪铁龙公园

该公园于1992年建成，位于巴黎市西南角，濒临塞纳河，其原址是雪铁龙汽车厂的厂房，由乔治·哈格里夫斯设计。公园被对角线方向的轴线分为南北两个组成部分（图1-2-30）。北部有白色园、两座大型温室、文艺复兴和巴洛克园林中岩洞抽象的7座小温室、6条水坡道夹峙的序列花园及临近塞纳河的运动园等。南部有黑色园、变形园、中心草坪、大水渠以及边缘的7个小建筑等。

作为公园中的主体建筑的两个温室雄踞全园最高点，两个大温室之间是倾斜的花岗石铺装场地，场地中央是由80个喷头组成的自控喷泉，是全园中心轴线的起点（图1-2-31）。中心的大草坪，四周被方正的水渠围绕，两侧是道路和墙体，空间边界明确，与周边丰富多样的小空间形成了鲜明的对比。

7座小温室被抬升大约4米的高度，一条高架步道把它们串联在一起，地面道路与高架步道之间由6条大坡道连接，6组跌水在道路的另一侧与这6条坡道呼应，在高架步道和坡道之间的空间里又向下挖四米形成一个又一个的连续小空间。

蓝色园、绿色园、橙色园、红色园、金色园等7个系列花园是通过一定的设计手法及植物材料的选择

图 1-2-33 巴黎拉维莱特公园

图 1-2-34 巴黎拉维莱特公园

图 1-2-35 巴黎拉维莱特公园

图 1-2-36 巴黎拉维莱特公园

来体现一种金属和它的象征性的对应物：一颗行星、一星期中的某一天、一种色彩、一种特定的水的状态和一种感觉器官。如银色园象征金属银、代表月亮、星期一、小河和视觉器官，园中配置银白色叶片的植物（图1-2-32）。位于公园主体外围的白色园和黑色园，是为住区居民服务的小区游园。白色园紧挨社区墓园，运用浅色材料体现白色的主题；黑色园位于居住区中心，是一片浓密的树林。

占地45公顷的雪铁龙公园没有保留历史上原有汽车厂的任何痕迹，它把传统园林中的一些要素用现代的设计手法重新展现出来，是典型的后现代主义园林设计案例。

（四）解构主义

解构主义的哲学观主张突破一切传统的、固有的观念和理性的思维模式，反对权威和一切既定的价值观念。20世纪80年代，解构主义哲学首先影响到建筑领域，进一步也对园林景观设计产生巨大影响。解构主义试图打破传统空间布局和构图形式意义上的中心、秩序、逻辑、完整、和谐等传统形式美原则，通过随意拼接、打散后冲突性的布置叠加，对空间进行变形、扭曲、解体、错位和颠倒，产生一种散乱、残缺、突变、无秩序、不和谐、不稳定的形象。

其代表作为建于1987年、由伯纳德·屈米设计的拉·维莱特公园。公园坐落在法国巴黎市中心东北部，占地55公顷，为巴黎最大的公共绿地。拉·维莱特公园由点、线、面三层基本要素构成，屈米首先把基址按120米×120米画了一个严谨的方格网，在方格网内约40个交汇点上各设置了一个耀眼的红色建筑，屈米把它们称为"Folie"，它们构成园中"点"的要素；两条长廊、几条笔直的林荫道和一条贯穿全园主要部分的流线型的游览路构成公园中"线"的要素；公园中"面"的要素就是这10个主题园和其他场地、草坪及树丛。这10个主题公园主要包括：竖立着20块贴有镜面石碑的"镜园"，以台地、跌水、水渠、金属架、葡萄苗等为素材的"葡萄园"，下沉式的"竹园"，表现水物理特性的"水园"，以及"风园""少年园""恐怖童话园""龙园""沙丘园""音响园"。屈米就是通过"点""线""面"三层要素把公园分解，加以概括、抽象、引申，然后又以新的方式重新组合起来（图1-2-33～图1-2-36）。

（五）极简主义

极简主义产生于20世纪60年代，又称"最低限度艺术""初级结构"等，它是在早期结构主义的基础上发展而来的一种艺术门类，其作品多运用几何的或有机的形式，追求极度简化、客观、抽象，以最少的设计元素控制大尺度的空间。大多使用现代工业材料，运用工业生产方式，展现现代工业文明特征。其代表作为彼得·沃尔克的哈佛大学校园内的唐纳喷泉、IBM研究中心索拉那园区规划，得克萨斯州沃斯堡伯纳特公园，德国慕尼黑凯宾斯基宾馆，玛塔·施瓦茨夫妇的亚特兰大的瑞欧购物中心庭院等。

图1-2-37 哈佛大学校园内的唐纳喷泉

1.哈佛大学校园内的唐纳喷泉

该喷泉于1984年建成，位于一个交叉路口旁，由159块巨石组成，不规则状排列成直径约为18.3米的圆形石阵，石阵的中央是一座雾喷泉，水雾的效果会随季节和时间而不断变化，透出一种史前的神秘感（图1-2-37）。

2.得克萨斯州沃斯堡伯纳特公园

该公园建于1983年，公园主要包括3个几何形元素，最高层是稍许高出地面的粉红色花岗岩步道，下陷的草地成了场地的基底，还有就是由一系列水池形成的矩形空间，3种元素被和谐地组织在网格之中，体现很浓厚的工业气息（图1-2-38）。

图1-2-38 德克萨斯州沃斯堡伯纳特公园

3.亚特兰大的瑞欧购物中心庭院

亚特兰大的瑞欧购物中心庭院由玛莎·舒沃茨设计，以夸张的色彩、冰冷的材料、理性的几何形状，尤其是300多个镀金青蛙的方阵，显出一种不易解读的前卫风格，设计者希望通过被固定在地坪上的青蛙序列，抨击后工业社会的人类对自然界所犯下的罪行（图1-2-39）。

图1-2-39 亚特兰大的瑞欧购物中心庭院

图 1-3-1 德国北杜伊斯堡景观公园

图 1-3-2 德国北杜伊斯堡景观公园

图 1-3-3 法国巴黎杜舍曼公园

第三节 欧洲城市园林景观设计的当代特征

在世界多元化图景中，当代欧洲景观设计正逐渐呈现出独特的观念与形式。设计师们从传统园林文化中吸取养料，从现代艺术形式中获得启发，在当代科学技术的引领下，将欧洲当代景观设计带入独树一帜的新境界。

一、尊重传统，反对模仿

1930—1940年以来，美国现代景观规划设计实践与理论对世界的影响越来越大，但欧洲当代景观设计却逐渐显现出一种摆脱美国影响的力量，尤其是20世纪90年代以来，一些年轻的设计师反感当代美国用金钱堆砌出来的所谓工业或后工业时代景观，反对用奢华材料做出来的优雅，反对单纯的功能至上，更加反对国际化的泛滥，他们转而从园林文化传统中寻找现代景观设计的固有特征。除了为修复古迹而做的复古园林，绝对不会去做仿古作品。

（一）德国北杜伊斯堡景观公园

该公园于1994年建成，是德国现代景观设计师彼得·拉茨的代表作，其目的是让人们理解曾经的历史，并使工业遗产得以保护，使历史文脉得以延续。公园的原址是有百年历史的钢铁工业废弃地，设计不仅保留了原有的鼓风炉、起重机、铁

路、桥梁、鼓风机等构筑物，还尽可能利用工厂中原有废弃材料，最终将其打造成为一个具有娱乐、体育与文化功能的生态公园和工业纪念地（图1-3-1、图1-3-2）。

（二）法国巴黎杜舍曼公园

该公园位于法国巴黎拉德芳斯新区西北部，占地14.5公顷，其原址为工业生产厂与造纸厂。作为巴黎近郊新城市化的主要空间载体，杜舍曼公园是巴黎城市轴线由拉德芳斯新区向西北郊区延伸的重要节点，是法国现代城市园林景观的经典案例之一，为古城巴黎带来了清新的现代气息，承担着控制城市规模无限制扩大的重要使命。但经过深入分析后，仍不难发现其在诸如空间组织、设计元素构成等诸多方面，都继承、发扬了法国传统园林的设计手法。

17世纪，法国绝对君权的专制政体达到巅峰，作为其象征的法国勒·诺特式园林，则以主从分明、秩序严谨的风格呈现出来，其中轴线起到重要作用，横、纵轴线，长、短轴线，正交、斜交轴线，交相辉映，各尽其责。19世纪五六十年代，在拿破仑三世授意下，在巴黎市长乔治·尤金·奥斯曼主持下的巴黎改建，更是确立了南北、东西两条城市轴线，构成城市的规整布局形式。杜舍曼公园继承了法国城市规划、古典园林利用轴线统领空间的作用，充分运用直接或隐晦的轴线在其间横纵交叉，划分了清晰的空间格局；同时通过控制地形、组织视线，来实现空间组织，构建出整体严谨的城市园林景观框架，真切体现了法国古典主义的艺术魅力。由于园林服务对象由君主变为大众，轴线的表现形式也由集中变为分散，由大尺度变为小规模。杜舍曼公园中的主要景观形都与塞纳河取得关联，贯穿整个公园的道路与塞纳河相平，城市轴线以高架桥的形式穿越公园（图1-3-3）。法国巴黎杜舍曼公园体现的是对现代社会生活的顺应，精神层面则是法国传统古典艺术的延伸，是与社会同步的、鲜活生动的精神所在。

二、强调本土化的地域景观特征

本土文化是一种具有浓郁地方色彩并带有历史传承性，体现地方人文和自然特色的地域文化。本土文化与现代景观设计是相辅相成的。首先，本土文化是现代景观设计的前提，在进行景观设计时，由于地域民族的不同，要考虑到不同地区的地

图 1-3-4 德国海德堡城堡花园

图 1-3-5 德国海德堡城堡花园

图 1-3-6 德国海德堡城堡花园

图 1-3-7 德国海德堡城堡花园

理、气候、民俗风情以及本土文化等综合因素。其次，一个民族历经多年所形成的民族精神、符号、艺术等，如果不被后人继承与传扬，就会渐渐没落到消失。随着信息的全球化，使得各种表现语言呈现多元化，本土文化的比重越来越少，我们可以通过景观设计来继承和传扬本土文化。

（一）德国海德堡城堡花园

自840年《凡尔登公约》的签订，至1871年德意志帝国成立之间的1000多年岁月里，德国并不是一个统一强大的国家，反映到园林艺术上则是对欧洲其他国家的模仿与借鉴，虽然没有自己独创的风格，德国设计师体现的是对外来文化的兼容并蓄。海德堡城堡建于13世纪，它坐落在国王宝座山顶上，历史上经过几次扩建，最终形成了一座哥特式、巴洛克式及文艺复兴三种风格的混合体，也是德国文艺复兴时期的代表作。海德堡城堡几何形大平台的城堡花园是俯瞰莱茵河美景的绝佳场所（图1-3-4～图1-3-7）。

（二）西班牙巴塞罗利托雷尔公园

该公园于1992年建成，由MBM建筑师事务所设计，坐落于西班牙巴塞罗那海港东面的奥运村，形成连接新城区海港和市中心的步行纽带。在西班牙的历史长河中，罗马人和阿拉伯人都曾长期统治这片土地，长达8个世纪的伊斯兰园林与基督教教义和浪漫与奔放的海洋气息相结合，形成西班牙丰富的历史多元文化，因此西班牙园林景观设计更加注重创意构想，而非贵重的建造材料。

利托雷尔公园以奥运会为主题（图1-3-8～图1-3-10），包括瀑布园、港口园和迪卡利亚园三个部分，沿着平行于长约2000米的城市道路系统网建造，通过路堑或隧道等形式的处理，确保步行的顺畅无阻。从市中心首先进入的是瀑布园，以隧道入口瀑布组成的小湖将其与市内环路分隔开来；位于中部的港口园由奥林匹克旗杆和9间带有立柱的公共凉亭组成；迪卡利亚园位于内环路的隧道出口，湖堤种植草坪，湖边衬以垂柳，湖面上架设数座木制天桥和一座公路大桥。

三、以人为本的理念

设计的根本目的就是处理人与物之间的关系。人性化的设计越来越引发人们的关注，在城市里，能见到越来越多的手拉

图1-3-8 西班牙巴塞罗利托雷尔公园

图1-3-9 西班牙巴塞罗利托雷尔公园

图1-3-10 西班牙巴塞罗利托雷尔公园

图 1-3-11 人性化设计

图 1-3-12 人性化设计

图 1-3-13 人性化设计

环、盲文指引、斜坡、专用盲道、无障碍公共厕所等，都是从使用者而不是从设计者的角度出发，以人为本设计公共设施，达到功能性与舒适性的最佳结合（图1-3-11～图1-3-13）。

四、兼顾新技术的应用与艺术的创造

园林景观设计是一门随着时代发展而产生的学科，也是一门融艺术和技术于一体的学科，成熟的景观是文明社会发展最完善、最复杂的人工艺术。艺术具有穿透人类灵魂的能力，城市园林景观是一门艺术，是书写人类思想的一种方法，可以说它是城市之中最具代表性的标点符号。通过艺术设计来表达自然和塑造自然，景观与其他密不可分的艺术门类来共享艺术形式。

当今，技术已经成为人类社会生活的一种决定性的力量，甚至影响人们的审美情趣，形成所谓的"技术美学"。技术的飞速发展也为城市园林景观设计提供了较之以往丰富得多的技术手段、新型材料和设计元素，如光纤照明、利用风敏器控制喷泉扬程、电脑程序调节等新型科技。设计师可以自由地运用光影、色彩、声音、质感等形式要素与地形、水体、植物、建筑、小品等形体要素来创造新时代的城市园林，使城市景观在短时间内出现质与量的巨大变化。现代景观构成是多层次、多方位、多媒体的，景观设计的技术性就在于用合理的技术手段将景观的艺术性更完美地表现出来。

（一）德国海德堡印刷机械股份公司现代雕塑

这座景观园林雕塑体量巨大，位于德国海德堡新城区，采用不锈钢材质打造，极富现代感，同时其造型又能够使人不禁联想到德国中世纪城堡的骑士形象。雕塑多个关节处可以转动,像不停奔跑的骏马,雕塑彰显了海德堡印刷机械股份公司在印刷媒体业首屈一指的地位,渲染了印刷设备精密、高效运作的主题概念,体现公司不断奋进的精神(图1-3-14)。

(二)德国汉堡城市公园音乐喷泉

盛夏的德国汉堡市,即使到了夜晚,天空仍然能透出些许光亮。避暑的人们围坐在湖畔的大草坪周围,尽情观赏着气势非凡的大型音乐喷泉。随着音乐的跌宕起伏,喷泉亦变换着不同的造型,仿佛为音乐伴舞,灯光的变化更是将欢快的气氛渲染到了极致(图1-3-15、图1-3-16)。

六、结语

当代全球化的快速进程使全世界共享进步的成果,也使各个国家、地区更注重自己独有的地域文化特征。欧洲当代景观设计在把传统作为本源的信念支持下和求新求变的开拓精神的指引下,已逐渐确立了其在世界上独树一帜的地位。不仅追求形式与功能,而且体现叙事性与象征性;不仅关注空间、时间、材料,还把人的情感、文化联系纳入设计目标中;不仅重视自然资源、生物节律,还把当代艺术引入人类日常生活中。

中国当代景观设计师应当从欧洲现代景观设计的发展历程中获得启示,以全新的姿态融入世界景观舞台,针对中国环境状况和人们的需求,介入现代生活,尊重传统而不受其束缚,应用新技术而不盲目依赖,学习外来经验而不机械模仿,创造出有当代中国特色的打动人心的作品。

图1-3-14 德国海德堡印刷机械股份公司现代雕塑

图1-3-15 德国汉堡城市公园音乐喷泉

图1-3-16 德国汉堡城市公园音乐喷泉

第四节 欧洲城市园林景观评析

一、古典城市园林景观

（一）德国汉诺威海恩豪森花园

整个园林占地135公顷，宏伟华丽，被誉为"绿色明珠"。它由选侯夫人索菲娅建造，于1666年始建，1714年落成，集英国、法国、荷兰等诸多园林风格于一身，是德国早期巴洛克园林艺术的典型代表。

这座名园由人工河三面环绕，既起到防护作用又形成波光粼粼的艺术效果。花园由大花园、小山花园、英国式的乔治花园和威尔芬花园四个部分所组成。

园中的草坪、花坛、水池、道路均采用规整式构图，具有明显的中轴线，树木修剪成几何形状。轴线与透景线交点上均做重点布置，或为花坛或为喷泉，其中位于中央的大喷泉其扬程达82米高，是欧洲花园中最高的喷泉，气势非常震撼。建造于1670年的人工瀑布是欧洲保存完好的最古老建筑之一。各处点缀的大理石雕塑更是不可或缺，雕塑以人物为主，包括大力神海格立斯、爱神维纳斯以及众多小天使等（图1-4-1～图1-4-11）。

图1-4-1 德国汉诺威海恩豪森花园总平面图

图1-4-2 德国汉诺威海恩豪森花园宫殿

图1-4-3 德国汉诺威海恩豪森花园细部

图1-4-4 德国汉诺威海恩豪森花园宫殿前水池

图1-4-5 德国汉诺威海恩豪森花园模纹花坛

图1-4-6 德国汉诺威海恩豪森花园温室

图 1-4-7 德国汉诺威海恩豪森花园大喷泉

图 1-4-8 德国汉诺威海恩豪森花园细部

图 1-4-9 德国汉诺威海恩豪森花园大人工瀑布

图 1-4-10 德国汉诺威海恩豪森花园细部

图 1-4-11 德国汉诺威海恩豪森花园细部

图 1-4-12 卢森堡大峡谷公园
大广场与阿道夫大桥

图 1-4-13 卢森堡大峡谷公园
新城区与夏洛特桥

（二）卢森堡大峡谷公园

大峡谷又被称为佩特罗斯大峡谷，位于卢森堡市区，是城市居民和游客感受山野气息的绝佳去处。大峡谷呈东西走向，宽约100米，深约60米，这里曾经是卢森堡的发源地，如今则将卢森堡市自然地分成新、老两个城区。在峡谷的两端，有两座著名的大桥，右面的一座是阿道夫大桥，左面的一座是夏洛特桥。大峡谷最高处是宪法广场，矗立着一座为纪念两次世界大战中阵亡官兵的四方锥体纪念碑，碑顶是和平女神雕像。大峡谷有两个高差不同的大广场，一个长方形，一个三角形。较高的长方形大广场左边立着八根高耸的旗杆，铺装材料采用粉红色碎木片，温馨自然，整形的绿篱、圆球状灌木丛与鲜花共同形成镶边，中心是如茵的草坪。较低矮的三角形小广场与大广场形式一致，却在形状、高差方面形成变化，丰富了园林景观层次（图1-4-12~图1-4-16）。

（三）奥地利萨尔斯堡米拉贝尔宫花园

米拉贝尔宫花园是电影《音乐之声》的拍摄外景地之一，建于1606年，是大主教沃尔夫·迪特里希模仿意大利和法国宫

图 1-4-14 卢森堡大峡谷公园老城区

图1-4-15 卢森堡大峡谷公园
谷底景观

图1-4-16 卢森堡大峡谷公园
宪法广场和平纪念碑

殿，为自己的情妇沙洛梅·阿尔特而建造，是一座著名的巴洛克式宫殿花园（图1-4-17~图1-4-26）。

花园呈规整式布局，花园内多种植郁金香、番红花等花卉，花丛、花坛、花钵或拼成几何图形，形式繁多，花团锦簇。花园里有众多的希腊神话雕塑，南边入口处是丘比特、阿波罗等神话人物；花园四周则是戴安娜、维纳斯等八座女神像；花园中央大型喷泉四周是埃涅阿斯、赫剌克勒斯、帕里斯和普路同，分别象征空气、土地、火、水四种元素的四座雕像；另外还有酒神、月亮女神、小人与独角兽等。花园中有一喷泉，其上就是著名的希腊神话中的双翼飞马柏伽索斯雕像，传说凡它所踏踩过的地方都会有泉水喷出。

（四）奥地利维也纳美泉宫大花园

美泉宫又译为申布隆宫，坐落在奥地利首都维也纳西南部，于1750年由玛丽亚·特蕾西亚女皇下令建造，是神圣罗马帝国、奥匈帝国、哈布斯堡王朝家族的皇宫。据传说1612年神圣罗马帝国皇帝马蒂亚斯狩猎时，饮用此处的泉水，顿感清列爽口，因此得名"美泉"。占地约2平方千米的宫殿花园是奥地利境内最辉煌的一座法国巴洛克风格宫廷园林，1996年被联合国教科文组织纳入人类文化遗产名录。

　　大花园临近宫殿建筑的是8块几何图形精雕细琢的模纹花坛和修剪整齐的绿篱，共同组合成优美的图案。整形的菩提树形成绿墙，林荫道两旁矗立着44尊古希腊神话人物雕像。模纹花坛之后是一座建造于1780年的海神喷泉，水池的中央是一组描绘希腊海神波塞冬故事的雕塑。海神泉的西侧是动物园和热带植物温室。经过海神喷泉，沿着之字形土路走上丘陵，就是位于美泉宫最高点的凯旋门，它是为了纪念玛丽亚·特蕾西亚女皇1757年战胜普鲁士的弗利德里希大帝而修建的（图1-4-27～图1-4-36）。

图1-4-17　奥地利萨尔斯堡米拉贝尔宫花园

图1-4-18　奥地利萨尔斯堡米拉贝尔宫花园

图1-4-19　奥地利萨尔斯堡米拉贝尔宫花园双翼飞马雕像

图1-4-20　奥地利萨尔斯堡米拉贝尔宫花园中央大喷泉

图 1-4-21 奥地利萨尔斯堡米拉贝尔宫花园雕塑

图 1-4-23 奥地利萨尔斯堡米拉贝尔宫花园花钵与围栏

图 1-4-22 奥地利萨尔斯堡米拉贝尔宫花园雕塑　　　　图 1-4-24 奥地利萨尔斯堡米拉贝尔宫花园种植

图 1-4-25 奥地利萨尔斯堡米拉贝尔宫花园种植　　　图 1-4-26 奥地利萨尔斯堡米拉贝尔宫花园种植

图 1-4-27 奥地利维也纳美泉宫广场雕塑喷泉　　　图 1-4-29 奥地利维也纳美泉宫大花园模纹花坛

图 1-4-28 奥地利维也纳美泉宫大花园模纹花坛　　　图 1-4-30 奥地利维也纳美泉宫大花园海神喷泉

图 1-4-32 奥地利维也纳美泉宫大花园热带植物温室

图 1-4-31 奥地利维也纳美泉宫大花园凯旋门

图1-4-33 奥地利维也纳美泉宫大花园菩提树林荫路

图1-4-34 奥地利维也纳美泉宫大花园林荫路旁雕塑

图1-4-35 奥地利维也纳美泉宫大花园罗马废墟

图1-4-36 奥地利维也纳美泉宫大花园园林小品

二、现代城市园林景观

（一）挪威奥斯陆维格兰雕塑公园

该公园始建于1924年，占地约80公顷，坐落在挪威首都奥斯陆西北部的弗洛格纳公园内，为园中园。挪威的雕塑大师古斯塔夫·维格兰耗尽毕生精力完成了192组共计650尊人体雕像，所有雕像都是由花岗岩、青铜、铸铁制成，该公园是世界上最大的雕塑公园，已经成为挪威人民的骄傲（图1-4-37）。公园内所有的雕塑作品均以"人生"为主题，在一条长达850米的中轴线上，分布着生命之桥、生命之泉、生命之柱、生命之环4个园林景观节点。

1.生命之桥

进入公园首先映入眼帘的就是两侧矗立的58座雕像构成的生命之桥，这些青铜雕像塑造了体格雄健的男子、绰约多姿的少女和纯真无邪的儿童等姿态各异、栩栩如生的人物形象，将母女、父子、恋人、兄弟姐妹之间丰富的亲情关系和生活状态表现得淋漓尽致（图1-4-38～图1-4-41）。

图 1-4-37 挪威奥斯陆维格兰雕塑公园入口

2.生命之泉

生命之泉由巨人托盆石雕瀑布、生命树青铜雕塑和水池底座浮雕3个部分组成。

（1）巨人托盆石雕瀑布

该瀑布由6个魁伟的男子托起硕大的铜盘，盆中泉水四溢，倾洒而出。水象征富足，铜盘象征生活的重负，表达了只有经历生活的重压，才能享受得起人生欢乐的寓意（图1-4-42）。

（2）生命树青铜雕塑

矩形水池四边上各坐落5棵人与树合为一体的生命树青铜雕塑，将处于人生各种年龄阶段的人物与树艺术化的交织在一起，反映了人与大自然相互依存的和谐关系（图1-4-43）。

（3）水池底座浮雕

围绕水池底座四壁的是60幅小型浮雕，有歌颂母爱的，有宣扬爱情的，有反映人们之间冲突的，主题各不相同，详细

图 1-4-38 挪威奥斯陆维格兰雕塑公园生命之桥

图 1-4-39 挪威奥斯陆维格兰雕塑公园生命之桥细部　　　图 1-4-40 挪威奥斯陆维格兰雕塑公园生命之桥细部

图1-4-41 挪威奥斯陆维格兰雕塑公园生命之桥细部

地表现了人类从出生到死亡的生命轮回历程（图1-4-44）。

3.生命之柱

生命之柱是雕塑公园景观序列的高潮部分，矗立在3米高的基座上，该柱子直径为3.5米，高17.3米，重约270吨，由121个情态各异、首尾相连、近乎真人尺度的裸体人像浮雕组成，这些人物相互扭曲攀叠,直冲云霄，表现了人们相互扶持，共同奔向理想"天堂"的景象（图1-4-45、图1-4-46）。

生命之柱的周围的圆形台阶上分布着36组花岗岩石雕，大多形象夸张，分别以天真活泼的儿童、情思奔放的青年、劳累艰苦的壮年、垂暮临终的老年为题材，表现现实世界人们的耕耘，表达了人生的真谛（图1-4-47~ 图1-4-50）。

4.生命之环

位于在公园的最后面，该组的雕像由4个大人和3个小孩头脚相连，形成一个大圆轮，表述了人由生到死的过程，一代一代生生不息（图1-4-51、图1-4-52）。

（二）荷兰赞丹风车村

赞丹风车村也称为"扎达姆风车村""桑斯安斯风车村"，坐落在距荷兰首都阿姆斯特丹市以北15千米处的赞丹河畔，是当今荷兰著名的民俗公园。风车在古代荷兰起到举足轻重的作用，它充分利用海洋性气候条件，缓缓转动的风车为抽水、灌溉、榨油、发电等提供了动力，成为荷兰的象征。风

图1-4-42 挪威奥斯陆维格兰雕塑公园
生命之泉

图1-4-43 挪威奥斯陆维格兰雕塑公园
生命之泉

图1-4-44 挪威奥斯陆维格兰雕塑公园
生命之泉

图 1-4-45 挪威奥斯陆维格兰雕塑公园生命之柱

图 1-4-46 挪威奥斯陆维格兰雕塑公园
生命之柱细部

图 1-4-47 挪威奥斯陆维格兰雕塑公园
生命之柱台阶石雕——儿童

图 1-4-49 挪威奥斯陆维格兰雕塑公园
生命之柱台阶石雕——壮年

图 1-4-50 挪威奥斯陆维格兰雕塑公园
生命之柱台阶石雕——老年

图 1-4-48 挪威奥斯陆维格兰雕塑公园
生命之柱台阶石雕——青年

图 1-4-51 挪威奥斯陆维格兰雕塑公园
生命之环周边环境

图 1-4-52 挪威奥斯陆维格兰雕塑公园
生命之环细部

图 1-4-53 荷兰赞丹风车村

图 1-4-54 荷兰赞丹风车村

车村保留了三座木制风车和十几座荷兰传统的木制建筑，木质的结构，绿色的墙体，橙红色的双折线屋顶，侧墙沿街面开老虎窗，耸立的烟囱等建筑体现了荷兰传统民居特色。赞丹风车村依湖傍水，河道纵横，让人恍若走进了一个童话世界，展示了荷兰的传统民俗文化，使之成为荷兰历史发展的见证（图1-4-53、图1-4-54）。

（三）比利时布鲁塞尔海塞尔公园

该公园位于比利时首都布鲁塞尔西北部，主要由位于中间的"小欧洲"公园、北面的百年宫和南面的"原子球"组成（图1-4-55）。

1. "小欧洲"公园

"小欧洲"公园占地约25公顷，是欧洲各国著名景观的微缩公园，几乎荟萃了欧洲所有闻名的宫殿、教堂、修道院、古堡、神庙、广场、名人故居等300多个微缩景观，所以又被称为"迷你欧洲"。在这里可以看到希腊的雅典卫城，意大利的比萨斜塔、圣马可广场，西班牙的埃斯科略修道院、圣马丁·皮纳里奥大教堂，法国巴黎的埃菲尔铁塔、凯旋门、圣

图 1-4-55 比利时布鲁塞尔海塞尔公园

图 1-4-56 比利时布鲁塞尔海塞尔公园
"小欧洲"公园

图 1-4-57 比利时布鲁塞尔海塞尔公园
"小欧洲"公园

图 1-4-58 比利时布鲁塞尔海塞尔公园
原子球

图 1-4-59 比利时布鲁塞尔俯视百年宫

心教堂,英国伦敦的大本钟和西敏寺,德国柏林的勃兰登堡门等,它们按1:25的比例制作,被道路、河流、植被、地形、水体等景观要素所分隔,然后和谐地聚集在一起(图1-4-56、图1-4-57)。

2.原子球

原子球又称为"原子模型塔",于1958年为在比利时举办的布鲁塞尔万国博览会所建造,被称为比利时的"埃菲尔"铁塔,是现代布鲁塞尔的象征。其独特的造型源于放大1650亿倍的铁分子结晶体结构,整体呈立方体形状,气势宏伟。位于角点上的8个以及位于中心的1个巨大金属球被金属管两两连接,圆球直径18米,各个球间的钢管每段长26米,直径3米,总重量约2200吨,高102米(图1-4-58)。

3.百年宫

百年宫建于1830年,为纪念比利时独立100年所建,用于举办各种国际展览活动,是1958年布鲁塞尔世界博览会的各国展览大厅(图1-4-59)。百年宫顶部矗立着4座巨型雕塑,其中的《马修像》完成于1935年,是中国著名雕塑大师张充仁的创作。

(四)施华洛世奇水晶世界花园

该花园于1995年为庆祝施华洛世奇成立100周年而建造,坐落在奥地利因斯布鲁克以东10多千米的瓦腾斯镇,是著名的水晶制造商施华洛世奇公司总部,是世界上最大的水晶博物馆,与周围的阿尔卑斯

图1-4-60 施华洛世奇水晶世界花园喷泉巨人

图1-4-61 施华洛世奇水晶世界花园草坪迷宫

图1-4-62 施华洛世奇水晶世界阿尔卑斯花园

图1-4-63 施华洛世奇水晶世界花园出口

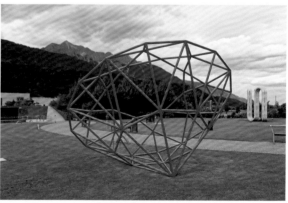

图1-4-64 施华洛世奇水晶世界花园公共艺术品

山谷等自然景色融为一体，环境优美，被誉为"光线与音乐"完美结合的"现实中的童话世界"。

首先映入人们眼帘的是"阿尔卑斯喷泉巨人"，由人工堆土而成，绿植覆盖，喷泉从巨人口中喷涌而下，巨人的双眼是两颗硕大的水晶，在阳光下闪烁着奇异的光彩，巨人的双肩就是水晶世界的入口。展馆后面还有草场迷宫和阿尔卑斯花园，其间种植许多奇花异草。草坪上布置了诸多现代气息浓郁的公共艺术品，体现了水晶世界的纯净与奢华（图1-4-60~图1-4-64）。

图1-4-65 卡尔斯河谷低地公园入口观景平台

（五）德国卡塞尔卡尔斯河谷低地公园

卡塞尔是童话作家格林兄弟的故乡，位于德国黑森州东北富尔达河畔，面积约106.77平方千米，其中绿地面积超过全市总面积的60%，因此被喻为"绿意盎然之城"。卡尔斯河谷低地公园最初是一座巴洛克风格的宫殿公园，于1700年创建，后来改造成为国家公园（图1-4-65）。

图1-4-66 卡尔斯河谷低地公园橘园宫

图1-4-67 卡尔斯河谷低地公园景观小品

图1-4-68 卡尔斯河谷低地公园
主观景平台

图1-4-69 卡尔斯河谷低地公园
从主观景平台2层俯瞰湖景

图1-4-70 卡尔斯河谷低地公园水景

图1-4-71 卡尔斯河谷低地公园景观小品

图1-4-72 卡尔斯河谷低地公园景观小品

其中著名的橘园宫就坐落在公园最北端，"Orangerie"这一名称来自法语，意为"橘树园"，原指为南方植物过冬的暖房。它是1701年为卡尔伯爵和他的妻子玛丽亚·阿玛丽亚建造的，作为暖房使用，也带有夏季休息室（图1-4-66）。

公园内有一些运用现代技术手段的装置艺术，如在一个长方形水池内，水面循环波动，反复不息，象征运动与变化，隐喻能量的流动（图1-4-67）。

位于橘园与湖畔中心轴之间有一座主观景平台，钢木结构，共2层，形态简洁，空间变化丰富，可从不同台阶攀爬至顶层，湖水景色尽收眼底，木架又形成了框景，增加了景观层次（图1-4-68、图1-4-69）。

自1955年以来，在卡尔斯河谷低地公园每5年举行一次著名的的国际现代艺术展——"卡塞尔文献展"，使卡塞尔跻身"艺术与会议之都"的行列（图1-4-70～图1-4-72）。

（六）德国柏林蒂尔加滕公园

首都柏林是德国最大的城市，也是德国绿化最好的城市之一，城市面积的三分之一以上是公园、草地、森林和原野。蒂尔加滕公园就是位于柏林市中心与城市西区之间的市内"中央公园"。蒂尔加滕公园始建于1527年，最初为日尔曼王侯的狩猎保护区；1671年弗里德里希·威廉选帝时进行了扩建并修出了几条轴线；1740年腓特烈二世将公园向柏林市民开放；1830年彼得·约瑟夫·林内将其改造成天然公园；1985年按照初建的原型进行了保护和重建，使之成为柏林人享受自然和游人观光的场所。蒂尔加滕公园西起勃兰登堡门，东达夏洛腾堡的动物园火车站，北面是施普罗河，南面是使馆区，这片东西宽约3.5千米的巨大绿地总占地面积达210公顷，是目前世界上最大的城市公园，被称为柏林的"绿肺"（图1-4-73～图1-4-75）。公园的四周环绕诸多历史、政府建筑，包括中央火车站、联邦总统府（美景宫）、总理府、德国国会大厦、世界文化宫等。

1.苏维埃战争纪念碑

苏维埃战争纪念碑建于1945年，是为前苏联为纪念在二战的最后一场战役——柏林战役中牺牲的8万多名前苏联战士而建造的，所用的材料则是希特勒首相府废墟的大理石。纪念广场最前面对称放置了两门ML-20火炮和两辆T-34坦克。纪念碑呈弧形，下方是以中央的主柱与六根廊柱构成，廊柱上刻着阵亡将士的名字，顶部站立着8米高肩背战枪的苏联战士雕像。俄

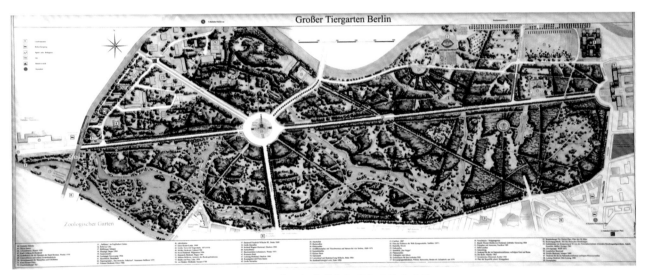

图1-4-73 德国柏林蒂尔加滕公园总平面图

图1-4-74 德国柏林蒂尔加滕公园

图1-4-75 德国柏林蒂尔加滕公园

文题铭中写道："为苏联的自由与独立在对德国法西斯侵略者的战争中倒下的英雄永垂不朽。"每年5月8日的欧洲胜利日，都会在此举行敬献花圈的仪式，纪念那些为和平献身的伟大战士（图1-4-76~图1-4-78）。

2.胜利女神纪念柱

胜利女神纪念柱建于1873年，是为了纪念1864年普丹战争、1866年普奥战争、1871年普法战争中的胜利，从而实现了德意志的统一而修建的。纪念柱坐落在著名的6月17日大街中央环岛上，总高67米，顶部的胜利女神维多利亚铜像高8.3米，重达35吨。神像头带老鹰头盔，左手握着带有十字架的长矛，右

图1-4-76 德国柏林蒂尔加滕公园
苏维埃战争纪念碑广场

图1-4-77 德国柏林蒂尔加滕公园
苏维埃战争纪念碑

图1-4-78 德国柏林蒂尔加滕公园苏维埃战争纪念碑细部

图 1-4-80 德国柏林蒂尔加藤公园
胜利女神纪念柱女神像细部

图 1-4-79 德国柏林蒂尔加藤公园
胜利女神纪念柱

图 1-4-81 德国柏林蒂尔加藤公园
胜利女神纪念柱基座细部

手高举月桂树花环，背生双翅（图1-4-79~图1-4-81）。

3.世界文化宫

世界文化宫坐落在蒂尔加藤公园的北端，是美国参加
1957年建筑展的作品，它的屋顶呈抛物线形状，被柏林人戏
称为"怀孕的牡蛎"。作为世界知名的文化中心，经常在此
举办来自世界各地的讲座、展览会和音乐会等文化活动（图
1-4-82、图1-4-83）。

4.钟楼

钟楼位于杜勒斯大道新联邦办公大楼的南边，呈现四个立
柱支撑上部的倒四棱锥造型，形体简洁，每天的中午12点和傍
晚6点钟声就会准时敲响（图1-4-84）。

图1-4-82 德国柏林蒂尔加滕公园世界文化宫

图1-4-83 德国柏林蒂尔加滕公园
世界文化宫环境

5.美景宫

美景宫现为联邦总统的官邸，始建于1785年，是一座白色新古典主义宫殿，常绿植物被修剪成圆锥形，左右对称排列，加强了建筑整齐肃穆的氛围（图1-4-85、图1-4-86）。

6.景观小品

公园中矗立着德国很多历史名人的雕像和纪念碑，包括德国铁血宰相俾斯麦纪念碑（图1-4-87、图1-4-88）、普鲁士军队总参谋长的陆军元帅毛奇纪念碑等。

（七）德国汉堡城市公园

汉堡是德国的第二大城市，它北临波罗的海、北海，同时易北河、阿尔斯特河、比勒河贯穿市区，素有"两海三河之港"的誉称。汉堡是名副其实的水城，上百条河汊和小运河密布全市，有2000多座桥梁，甚至超过伦敦、威尼斯、阿姆斯特丹三地的总和。优越的地理位置，使汉堡成为全球的最大港口之一，有"通往欧洲的门户"的美誉。

据可靠调查统计，汉堡是德国绿化最好、绿地最多的城市，水域和绿地占整个城市面积的一半，拥有大大小小约120座公园，有面积达150公顷的温特胡特城市公园，也有阿通纳人民公园和奥因多夫公园，以及由阿尔斯特公园、老易北河公园、大城墙公园、小城墙公园、老植物园五个公园组成的环城公园等。简单的绿化率对于汉堡来说已经没有太多的意义，与其说它是在城市中建造公园，不如说是在园林中

图1-4-84 德国柏林蒂尔加滕公园
钟楼

图 1-4-85 德国柏林蒂尔加滕公园
美景宫

图 1-4-86 德国柏林蒂尔加滕公园
美景宫大门

图 1-4-87 德国柏林蒂尔加滕公园
铁血宰相俾斯麦雕塑

图 1-4-88 德国柏林蒂尔加滕公园
景观小品

建造了汉堡市（图1-4-89～图1-4-92）。

　　市中心的阿尔斯特湖更成为"汉堡的明珠"，被永芳大街分为内、外两个湖区。内湖较小，沿岸分布几条老街道；外湖宽阔，成为赛艇、帆船活动的好去处。阿尔斯特公园就位于阿尔斯特湖畔，其1.5千米长的林荫大道成为游赏秀丽水景、漫步健身的最佳场所，是德国汉堡最受欢迎的公园之一。公园对整个汉堡来说是可供游玩的草坪，宽阔的大草坪通常不设道路和过多的硬质景观，游人可以随意进入，在这里草坪绝不仅是"严禁踩踏的摆设"，而成为人们踢球、野餐、放风筝、晒日光浴等活动的场地。公园里还建有露天游泳池、露天舞台和天文馆，当然还有必不可少的啤酒屋（图1-4-93～图1-4-100）。

图 1-4-89 德国汉堡城市公园

图 1-4-90 德国汉堡城市公园

图 1-4-91 德国汉堡城市公园

图 1-4-92 德国汉堡环城公园

图 1-4-93 德国汉堡阿尔斯特湖内湖

图 1-4-94 德国汉堡阿尔斯特湖外湖

图 1-4-95 德国汉堡环城公园

图 1-4-96 德国汉堡环城公园

图 1-4-97 德国汉堡环城公园

图 1-4-98 德国汉堡环城公园

图 1-4-99 德国汉堡环城公园

图 1-4-100 德国汉堡环城公园

第五节 欧洲城市园林景观鉴赏

图 1-5-1 丹麦哥本哈根

图 1-5-2 瑞典斯德哥尔摩

图 1-5-3 挪威奥斯陆

图 1-5-4 挪威奥斯陆

图 1-5-5 挪威奥斯陆

图 1-5-6 奥地利维也纳

图 1-5-7 瑞士苏黎世

图 1-5-8 意大利维罗纳

图 1-5-9 荷兰阿姆斯特丹

图 1-5-10 法国巴黎

图 1-5-11 德国柏林

图 1-5-12 德国汉诺威

图 1-5-13 德国多特蒙德

图 1-5-14 德国科隆

图 1-5-15 德国杜塞尔多夫

图 1-5-16 德国波恩

图 1-5-17 德国不来梅

图 1-5-18 德国法兰克福

图 1-5-19 德国纽伦堡

图 1-5-20 德国莱比锡

图 1-5-21 德国科布伦茨

图 1-5-22 德国魏玛

图 1-5-23 德国罗滕堡

图 1-5-24 德国德累斯顿

图 1-5-26 德国斯图加特

图 1-5-27 德国慕尼黑

图 1-5-28 德国罗斯托克

图 1-5-29 德国吕贝克

| 第二章 | 欧洲城市广场景观

漫步欧洲，人们会不由自主地被形式多样、不拘一格的城市广场所吸引，这里或坐落着上帝在人间的殿堂，或坐落着金碧辉煌的宫殿，或坐落着代表人民行使权力的市政厅，或坐落着各式各样的商业设施……人们在这里可以肆无忌惮地开怀畅饮，毫无距离地谈天说地，到了节日更是成了快乐的海洋，成了在凡间生活的人们的天堂。广场不仅是城市的政治、文化活动中心，更是人们聚会、享受生活的地方。

欧洲城市的建设大多是渐进式的，城市广场更是常年的修葺，而非大拆大建，城市文脉在这里能得到较好的延续，广场的建筑、雕像、喷泉、铺地等交织在一起，仿佛共同陈述它们的过去，甚至能感受到历史片段的闪现，欧洲人对历史的尊重可见一斑。尊重并不等同于遵从，继承其精神而非形式。历史建筑并不是被束之高阁，而是被保护的使用，城市广场在表征历史的同时，仍旧焕发着青春，给城市以特色和魅力。最前沿的设计理念，最先进的建造手段都在这里得到应用，可以说在这里体验着历史，却同时享受着现代科技带来的舒适，带给市

图 2-2 丹麦哥本哈根市政厅广场

图 2-3 芬兰赫尔辛基大教堂前广场

图 2-4 德国多特蒙德中心火车站广场

图 2-5 瑞典斯德哥尔摩商业广场

图 2-1 丹麦哥本哈根阿美琳堡王宫广场

图2-6 德国罗斯托克市集广场

图2-7 德国科布伦茨游戏广场

图2-8 德国杜塞尔多夫休闲广场

图2-9 德国杜塞尔多夫建筑入口广场

图2-10 挪威奥斯陆滨水广场

民以归属感和向心感。

随着现代生活活动的日益丰富，城市广场更呈现多样化的趋势，出现了诸如商业广场、车站广场、滨水广场、休闲广场、游戏广场、建筑前广场等形式。城市广场对欧洲人生活的重要性，使得他们不仅把它比作城市的名片和标志，更亲切地称作"城市的客厅"，它不仅仅是由建筑围合，石材铺砌，被喷泉、雕塑等装点的开敞空间，而且是城市风貌、社会秩序等的反映。透过这个最具公共性、最富艺术魅力的城市空间，能充分了解一个城市的历史、艺术和文化，城市广场涵盖了极其丰富的内容（图2-1~图2-10）。

第一节 欧洲城市广场景观的发展历程

欧洲城市广场的发展是一个一脉相承的体系，经历了从自由、有机到严格、对称、再回到有机的演变过程，它的外在表现形式不仅与城市的自然气候条件、地形地貌、风俗习惯、信仰等相关，还很大程度受到社会观念、社会关系的影响，诸多因素共同塑造了城市广场的精神内涵和内在价值。

一、欧洲古希腊时期的城市广场（约公元前6世纪至公元前1世纪）

城市广场起源于古代人的庆典与祭祀活动，是人们进行供奉、祭祀、宗教信仰等活动的"广"而"空"的室外场地。古希腊是欧洲文明的起源，"广场"一词的出现以及广场作为一种重要的城市外部空间，可以追溯到古希腊的"阿戈拉"一词，最初为"聚集之地"的意思。

约公元前6世纪，希腊人在希腊岛上建立了多个由工商奴隶主占统治位置的城邦奴隶制民主制国度，以"个人自由"为代表的公民意识高涨，需要城市具备政府向市民颁布政策、告示，以及满足市民自由集会、讨论公共事务、参与政治以及商业交易等活动的公共场所，城市广场应运而生，并逐渐成为城市的核心。古希腊哲学家苏格拉底发表政治思想的哲学殿堂就设立在广场上，可以说是民主制度催生、繁荣了广场，这也确立了古希腊城市广场具体的形态，广场的空间没有轴线，也不存在明确的控制性建筑物，表现出自由、有机、多元的特征（图2-1-1）。与"为了避免人们长时间的逗留"而弱化广

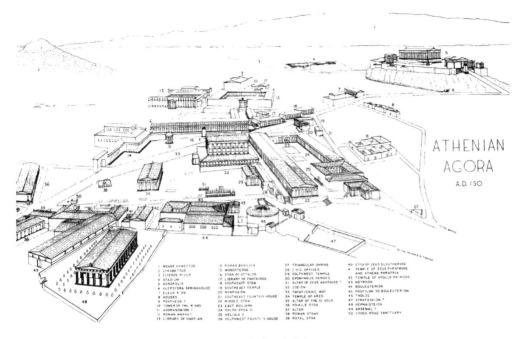

图 2-1-1 古希腊城市复原图

场装饰的专制时代不同，古希腊广场通常布置着许多象征城市集体的、华丽的设施，古希腊的阿戈拉广场就是典型的代表，它构成了古希腊人日常生活的核心户外空间。作为政治集会的中心，它由许多与建筑物相连的柱廊环抱而成，是古希腊人聚集在这里平等地参与公共事务、议论时事、发表演讲、朝拜神灵、买卖商品的地方（图2-1-2）。

图 2-1-2 古希腊阿戈拉广场遗迹

二、欧洲古罗马时期的城市广场（约公元前1世纪至公元476年）

古罗马是一个依靠武力建成的横跨欧、亚、非，称霸地中海的地域辽阔的大国，如同对待金银财宝，对他国的文化也是更多采取拿来主义，并吸收其精华与本土文化融合而成，尤其是受到古希腊的影响。古罗马城市广场的使用功能更加丰富，扩大到宗教、礼仪和娱乐等，在继承古希腊形式的基础上也有所发展。罗马人善于巧妙运用空间来塑造城市广场，在尺度大小和方向上有变化，同时出现明确的轴线，形成对称的布局，构成完整的封闭空间，创造出严格的几何特征空间，传达出人必须屈从于中央集权统治的意识，达到统治者的君权主义意志的目的。罗马人将古希腊广场自由、不规则、有机的空间

图 2-1-3 古罗马恺撒广场遗址

图 2-1-4 古罗马奥古斯都广场遗址

图 2-1-5 古罗马图拉真广场遗址

图 2-1-6 德国不莱梅中世纪教堂广场上的市政厅

塑造为城市中整齐的、规模宏大的纪念性空间。古罗马广场通常被某一特定的大体量的建筑物支配着，成为了帝王的统治工具，而忽视了人的生活功能基础，较少考虑到人的尺度。其代表为罗马的凯撒广场、奥古斯都广场、图拉真广场、尼禄广场、涅尔瓦广场等。

（一）凯撒广场

该广场中央是凯撒大帝的骑马镀金青铜像，广场后半部分坐落着凯撒家族的保护神维纳斯围廊式神殿，凯撒前广场确立了一个完整封闭的、轴线对称的，以一个建筑为主体的城市广场新型制（图2-1-3）。

（二）奥古斯都广场

该广场建造于公元前42年，是为纪念菲利皮大捷而修建，歌颂奥古斯都皇帝的赫赫战功，广场的中央耸立着奥古斯都立于凯旋战车上的雕像，广场的两侧各有一个半圆形柱廊，矗立着众多英雄人物的雕像（图2-1-4）。

（三）图拉真广场

该广场位于奥古斯都广场旁，建于107年，是为了纪念图拉真大帝远征罗马尼亚获胜而修建的古罗马最宏大的广场。该广场吸取了东方建筑的特点，加强了纵深变化，注重空间的纵横、大小、开合、明暗交替变化。广场上矗立着30米高的图拉真胜利纪念柱，被一排排雕像围绕着（图2-1-5）。

三、欧洲中世纪时期的城市广场（约476至1453年）

城邦制的欧洲中世纪是极度崇奉宗教，同时贸易活动加剧的时代，社会秩序主要由贵族、教会与市民阶层这三种力量共同支撑，体现为集市广场、市政厅广场与教堂广场总是相依为伴，共同构成城市自治管理和重大公共文化活动的中心，广场功能和空间形态得到进一步拓展。

（一）教堂广场

欧洲中世纪统一而强大的教权大行其道，教堂往往是城市中最宏伟的建筑，以其庞大的建筑体量占据着城市的中心位置，以绝对的高度控制着城市的天际线。围绕教堂布置的广场是进行各种宗教仪式和活动的地方，这里被誉为"上帝的广场"，教堂是广场的主角，上帝是教堂的主角。这样的广场自然都弥漫着浓郁的宗教氛围，让人觉得上帝就在那高高的教堂尖顶之上审视着广场上的每一位来客。例如德国不莱梅市的广场上坐落着市政厅（图2-1-6）和建于1042年的圣·彼特利大教堂（图2-1-7），矗立着象征和平和权利的罗兰铜像（图2-1-8）和不莱梅音乐家雕像（图2-1-9）。

图2-1-7 德国不莱梅中世纪教堂广场上的圣·彼特利大教堂

图2-1-8 德国不莱梅中世纪教堂广场上的罗兰铜像

图2-1-9 德国不莱梅中世纪教堂广场上的不莱梅音乐家雕塑

图 2-1-10 德国汉堡中世纪市政厅广场

图 2-1-11 德国汉堡中世纪市政厅广场
上的标本树和候车厅

图 2-1-12 德国汉堡中世纪市政厅广场
上的旗杆基座

（二）市政厅广场

城邦自治管理的最高机构是城市议会，统领着城市的整个行政机构，体现贵族统治的色彩，城市市政厅广场上矗立着市政厅、公共大厦、主要商场和商业协会等，高耸的商行钟楼和市政厅塔楼，象征城市公共生活的中枢。例如德国汉堡市政厅广场矗立着"世界上最美的市政厅"（图2-1-10～图2-1-12），它是普鲁士王国在普法战争中击败法国，建立统一的德意志帝国的象征，也是汉堡财富与繁荣的写照。

（三）集市广场

城市管理者充分考虑到市民尊重自然、回归自然的生理需求，留有适当空间让市民从事户外交易。在贸易活动的推动下，出于非政治目的的集市广场出现，并成为中世纪城市最重要的经济设施（图2-1-13）。布局不甚规则，也是石材铺地，但规模较小，周边建筑围合。通向广场的道路四通八达，但均较狭窄，宽约3～5米。

欧洲中世纪的城市广场在其城市建设史上占有重要的地位，同时由于中世纪城市发展缓慢，可以不断调节并使物质环境适应于城市的功能，具有非常罕见的内在质量，充满了自然朴实的生机和活力。即使是在今天，在欧洲的大多数城市，经过不断保护、修缮、改建的中世纪广场仍然是市民活动的中心，如汉堡、不莱梅、汉诺威、慕尼黑、法兰克福、德累斯顿等（图2-1-14）。

四、欧洲文艺复兴与巴洛克时期的城市广场（约14世纪至16世纪）

16世纪的文艺复兴在欧洲发展历史中占有重要地位，人文、科学与理性是文艺复兴的精神核心，它提倡人权、人道，反对禁欲和蒙昧，从以神为中心过渡到以人为中心。古罗马、古希腊建筑重回古典的比例与均衡，以对抗象征神权的哥特风格，成为文艺复兴建筑与空间的主旋律。

文艺复兴以来的城市广场出现了多元化，中世纪以前那种以一个广场控制整个城市空间的结构被彻底打破了，诞生了多个广场共存或构成广场组群的格局，且各自具备不同的空间性格和活动特征。广场布局规整，并常常采用柱廊形式，多为对称型，通过构图、透视、比例法则和美学原理等的广泛运用，追求完美的广场平面形状和舒适的空间尺度、比例，以达到庄严宏伟的效果。巴洛克时期的城市广场则更加善于通过轴线来强化空间秩序，将对形式的追求、主题的烘托推向了极致。

（一）文艺复兴城市广场

1.意大利佛罗伦萨的市政厅广场

该广场也称为西尼奥里亚广场，是文艺复兴式广场的代表，广场上不乏文艺复兴大师的艺术作品，有"露天的博物馆"之称。广场始建于13—14世纪，广场东南角的市政厅是最主要的建筑，它曾经是美第奇家族的旧府邸，其塔楼高94米，称为老宫（图2-1-15）。老宫的入口处是米开朗基罗经

图 2-1-13 德国罗腾堡中世纪市集广场

图 2-1-14 德国德累斯顿城市广场

图 2-1-15 意大利佛罗伦萨市政厅广场老宫

图 2-1-16 意大利佛罗伦萨市政厅广场的大卫像

图 2-1-17 意大利佛罗伦萨市政厅广场的兰齐回廊

图 2-1-18 意大利佛罗伦萨市政厅广场的海神喷泉

典之作《大卫像》的复制品（图2-1-16）；老宫的左侧是晚期哥特式风格的琅琪敞廊——兰齐回廊，内部坐落着许多精美的雕像，包括詹波隆那的《强掳萨宾妇女》和本韦努托·切利尼的《珀耳修斯和美杜莎的头》等的杰作（图2-1-17）。建筑的右边是巴托洛米奥·阿曼纳蒂建于1563—1575年的海神喷泉，水池中央海马拉的双轮战车上矗立着的就是海神像，因为采用白色大理石，所以佛罗伦萨人称它为"大白雕"，水池周边还有许多青铜雕像（图2-1-18）。喷泉的北边是建造于1594年的、被称为"祖国之父"的科西摩·美帝奇一世骑马像（图2-1-19）。

（二）巴洛克城市广场

1.罗马市政广场

该广场也称为卡比多广场，由米开朗基罗设计，是从文艺复兴风格走向巴洛克风格的过渡作品。广场为对称的梯形，地面铺装成优美的几何图案，广场正中矗立着罗马五贤帝之一的马库斯·奥瑞利斯骑马青铜像。广场主建筑物是参议院，广场一侧是建于1568年的档案馆，另一侧是建于1655年的博物馆（图2-1-20～图2-1-22）。

2.梵蒂冈圣彼得广场

该广场是巴洛克时期最具代表性的作品，被誉为"世界上最为壮丽的广场"，由贝尔尼尼设计，建于1667年。它长340米、宽240米，被两个半圆形的长廊环绕，每个长廊由284根高大的圆石柱支撑着顶部，顶上有142个教会史上有名的圣男圣女的雕像。广场中间耸立着一座41米高，由一整块石头雕刻而成的埃及方尖碑，方尖碑两旁各有一座美丽的喷泉，涓涓的

图2-1-19 意大利佛罗伦萨市政厅广场的科西摩·美帝奇一世骑马像

图2-1-20 罗马市政广场

图2-1-21 罗马市政广场

图2-1-22 罗马市政广场上的马库斯·奥瑞利斯骑马青铜像

图 2-1-23 梵蒂冈圣彼得广场鸟瞰

图 2-1-24 梵蒂冈圣彼得广场

图 2-1-25 梵蒂冈圣彼得广场上的圣彼得雕像

清泉象征着上帝赋予教徒的生命之水。圣彼得大教堂门前左边树立着圣彼得高大的雕像，右手握着两把耶稣送给他的通向天堂的金钥匙，左手拿着一卷耶稣给他的圣旨（图2-1-23～图2-1-25）。

五、欧洲绝对君权时期的城市广场（约17世纪至18世纪）

该时期的法国正处于君主专制的全盛时期，强调的是对君权的绝对服从,将秩序作为绝对的表达手段，广场体现了君王统治及绝对权力的思想，表达对君主专制政权的敬意。城市广场已经不再是市民社会活动的延伸，而更多地追求气势宏伟，彰显功绩，充斥着一种非人性和规范化的特征。

这些广场大多具有强烈的中轴控制线，重要的建筑物占据着主导地位，围合广场的建筑也以古典主义风格为主，比例严谨。开始将绿化、喷泉、雕像、建筑小品等要素综合组成一个协调的整体，追求抽象的对称和协调，强调构图中的主从关系，突出轴线，讲求对称，建立起新的严密的逻辑与理性，将更为纯粹的几何关系运用到城市空间中。其代表为法国巴黎的

图 2-1-26 法国巴黎旺多姆广场

图 2-1-27 法国巴黎旺多姆广场纪念柱

旺多姆广场、协和广场、胜利广场等。

（一）法国巴黎旺多姆广场

该广场位于巴黎老歌剧院与卢浮宫之间，平面呈长方形，长224米，宽213米。广场的中央是高44米的旺多姆纪念铜柱，是拿破仑皇帝为纪念奥斯特利兹战役获胜而于1810年建造的，柱顶矗立着拿破仑·波拿巴的铜像，柱身上呈螺旋形浮雕，记录拿破仑征战的诸多场景。现今的旺多姆广场是法国最豪华的商场酒店零售商集中地，有"巴黎珠宝箱"之称（图2-1-26、图2-1-27）。

（二）法国巴黎胜利广场

该广场位于巴黎市区第一与第二街区之间，广场平面呈圆形，圆心上矗立着法国国王路易十四骑马雕像，以庆祝1678—1679年《奈梅亨条约》的签订（图2-1-28）。

六、现代城市广场（约18世纪下半叶至今）

可以说是在物质与精神的双重推动下，人类走进了现代文明。精神力量来源于1789—1799年法国大革命对于平等、自由理想的启蒙；物质支持则是英国工业革命所带来的科技进步。和平、民主、自由、宽容成为现代社会的普世价值，个性化、艺术性、人情化成为城市广场的趋势，自由、开放的广场空间取代了严格规整的几何形。

城市广场的政治色彩逐渐消失，丧失了在城市空间结构中的主宰地位，休闲、娱乐、健身等需求在不断增加，植被、

图 2-1-28 法国巴黎胜利广场

图 2-1-29 德国杜塞尔多夫

图 2-1-30 德国莱比锡

水体、座椅、装饰小品、公共设施取代了帝王雕像，更符合人们的行为尺度，广场的规模也日趋减小；为方便就近使用，广场的数量不断增多；为满足多元化的需求，广场的类型更加丰富，如交通广场、健身广场、休闲广场、集散广场、商业广场、文化广场等。总之，一切都是将以人为本的设计理念作为出发点。

科技与生产力的快速发展，为现代城市带来了崭新的变化，人口及用地规模迅速膨胀，使欧洲城市开始通过功能分区由集中走向分散。

高楼大厦改变了城市天际线，现代交通工具改变了交往的距离，网络更是改变人们的交往理念，城市长期以来的尺度感被彻底打破。然而不管科技如何进步，人类对聚集交流的需求是不会减弱或消失的。欧洲各国对城市广场的重要作用又有了新的理解，开始注意在旧城改造的过程中采取一系列措施恢复旧的中心区的活力，在新城建设中独具匠心地设计适合市民活动的广场，使其成为体现城市精神、历史、文化以及社会风情的展示窗口（图2-1-29、图2-1-30）。

第二节 欧洲城市广场景观评析

欧洲的许多国家都是由城市发展起来的，在中世纪时往往一个城市就是一个国家，广场是城市的产物，所以城市广场在欧洲有着不寻常的地位，广场往往是一座城市政治、经济、文化和宗教的活动中心。每个城市都有引以为豪的市场，每个广场都有动人的故事。

一、意大利威尼斯的圣马可广场

圣马可广场又称威尼斯中心广场，始建于828年。当时两个威尼斯商人从埃及亚历山大将耶稣圣徒马可的遗骨偷运到威尼斯，并兴建教堂，教堂内有圣马可的陵墓，大教堂以圣马可的名字命名，大教堂前的广场也因此得名"圣马可广场"。主要包括西面的总督府和圣马可图书馆，东面是圣马可教堂和高98.6米的圣马可钟楼，以及威尼斯执政官官邸、拿破仑翼楼等主要建筑。广场长约170米，东侧宽约80米，西侧宽约55米，总面积有1公顷左右，呈梯形（图2-2-1、图2-2-2）。广场入口有两个高高的柱子，一个上面是威尼斯城徽飞狮，另一个

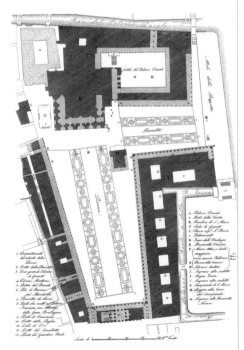

图 2-2-1 意大利威尼斯的圣马可广场平面图

图2-2-2 意大利威尼斯的圣马可广场

图2-2-3 意大利威尼斯的圣马可广场入口

则是威尼斯拜占庭时期的保护神狄奥多尔（图2-2-3）。至今，圣马可广场经历了9个世纪的改建和重建，不同时代的建筑风格、几个世纪的文明与创造实现了完美的和谐统一。拿破仑曾赞叹它是"欧洲最美的客厅"和"世界上最美的广场"。

二、比利时首都布鲁塞尔大广场

该广场始建于12世纪，处于布鲁塞尔的市中心，呈长方形，长110米，宽68米，占地3400平方米。它被法国作家雨果称作"欧洲最美丽的广场"。雨果在给爱妻的信中说："大广场结构紧凑，精致得像一件珠宝镶嵌的首饰。"

从1971年开始，每隔两年的8月15日前后的周末，布鲁塞尔广场都会用多达80万株的秋海棠铺设花毯，来装扮"大广场鲜花地毯节"，而且每次主题都不同（图2-2-4）。

整个地面由清一色的花岗石铺就，四周矗立着40多座哥特式、文艺复兴式、路易十四式等风格迥异的建筑。包括大广场西侧的几栋分别以狐狸、牛角、母狼、猎囊、手推车和西班牙国王命名的行会大楼（图2-2-5），北边与市政厅相对的大楼叫做国王大厦（图2-2-6），正东边的大楼叫做布拉班特公爵大厦（图2-2-7）。在这里还坐落着著名的马克思和恩格斯当年居住和工作过的地方——天鹅咖啡馆（图2-2-8）。广场上最醒目的建筑则是布鲁塞尔市政厅，这是一座典型的古代弗兰德哥特式建筑，建筑物分两期建造，规模较大的左半部分建于1402年，1455年建造右半部分，它上面的厅塔高约91米，

图2-2-4 比利时首都布鲁塞尔
大广场大花毯

图2-2-5 比利时首都布鲁塞尔
大广场西侧

图 2-2-7 比利时首都布鲁塞尔
大广场东侧布拉班特公爵大厦

图 2-2-6 比利时首都布鲁塞尔
大广场北侧国王大厦

图 2-2-8 比利时首都布鲁塞尔
大广场天鹅咖啡馆

图 2-2-9 比利时首都布鲁塞尔大广场布鲁塞尔市政厅

塔顶塑有一尊高5米的布鲁塞尔城的守护神圣米歇尔的雕像（图2-2-9）。

图 2-2-10 法国巴黎协和广场

三、法国巴黎协和广场

该广场始建于1757年，位于巴黎市中心、塞纳河北岸，曾先后被命名为"路易十五广场""革命广场"，直至1795年将其改称为"协和广场"。连接着凯旋门与卢浮宫，以香榭丽舍大街、杜伊勒利花园为伴的协和广场不仅体现了法国的浪漫，更见证了国王路易十六、王后玛丽•安托瓦内特被送上设在广场上的断头台的历史。

广场呈八角形，长360米，宽210米，面积约8.4公顷。中央矗立着高23米、重230吨、有3400多年历史的方尖碑，它由整块的粉红色花岗岩雕出来，上面刻满了埃及象形文字（图2-2-10）。广场的四周有8座雕像，象征着法国的8大城市，西北是鲁昂、布雷斯特，东北是里尔、斯特拉斯堡，西南是波尔多、南特，东南是马赛、里昂（图2-2-11）。

广场上有两座喷泉，北边的是河神喷泉，南边的是海神喷泉。河神喷泉雕刻的是怀抱葡萄的收获仙子、手捧鲜花的爱情仙子和象征甜蜜的水果仙子簇拥下的莱茵河女神；海神喷泉雕刻的是海洋的珍珠仙子、贝壳仙子和珊瑚仙子簇拥下的大西洋海神（图2-2-12）。

图 2-2-11 法国巴黎协和广场象征雕塑

四、意大利罗马的西班牙广场

该广场形状像一个不平的蝴蝶结，因旁边的西班牙大使馆而得名。底下是贝尔尼尼父亲的作品——《小舟喷泉》，一条小舟船，半淹在水池中，喷泉的水先流入船中，再从船的四边慢慢溢出（图2-2-13）。山丘的顶端是法国人在16世纪修建的圣三一教堂，属于哥特式建筑，也是西班牙广场地标性的建筑（图2-2-14）。连接教堂和喷泉的是建于1723年，由法国人出资、意大利人设计建设的137级高的西班牙台阶（图2-2-15），这里是《罗马假日》的拍摄场地，在这能找到赫本在电影中曾经驻足的花店和冰激凌店。每年夏天，这里又成为意大利时装的展示台，来自世界各地的名模身着霓裳款款而下，给人民带来一种炫目而神奇的意境。

图 2-2-12 法国巴黎协和广场海神喷泉

图 2-2-13 意大利罗马的西班牙广场小舟喷泉

图2-2-14 意大利罗马的西班牙广场
圣三一教堂

图2-2-15 意大利罗马的西班牙
广场西班牙台阶

五、匈牙利布达佩斯英雄广场

该广场于1896年为纪念匈牙利民族在欧洲定居1000年而建造（图2-2-16），1929年完工，广场正中央是高36米的圆形千年纪念石碑，石碑顶部矗立着肋生双翅，一手持十字架，一手持王冠的大天使加百列的雕像（图2-2-17）。石碑基座上有7位马扎儿人部落首领的青铜雕像（图2-2-18）。千年纪念碑后面是两道高16米的弧形柱廊，每一堵的石柱之间分别排列着7尊历史英雄的雕像，每个雕像基座上都刻有名字和在位年代，下面还有一幅反映其主要功绩的浮雕（图2-2-19）。柱廊的端部有4组表现劳动人民的雕像，形象栩栩如生（图2-2-20）。

六、德国柏林的波茨坦广场

当然广场也不仅限于传统的古典形式，使柏林城市面貌发生最大变化的波茨坦广场（图2-2-21～图2-1-30）就是现代城市广场的代表，广场的建设以21世纪欧洲城市风格为范本，将住宅、办公、购物、文化、体育及休闲等各项基础设施汇集

图2-2-16 匈牙利布达佩斯英雄广场

图 2-2-17 匈牙利布达佩斯英雄广场
大天使加百列的雕像

图 2-2-18 匈牙利布达佩斯英雄广场
千年纪念碑基座雕像

图 2-2-19 匈牙利布达佩斯英雄广场柱廊

图 2-2-20 匈牙利布达佩斯英雄广场柱廊端部雕像

于一身。占地50多万平方米，总投资额高达40亿欧元，这里包括19座高楼，其中的索尼中心、德比斯公司大楼是全欧洲乃至全世界最好的高层建筑。伦佐•皮亚诺完成了总体规划，并设计了戴勒姆–奔驰公司大楼，另外还有一大批国际级建筑师共同打造出这片柏林最时尚的场所，包括拉菲尔•莫内奥、理查德•罗杰斯、赫尔穆特•杨、矶崎新等。

波茨坦广场最引以为荣的还是它的雨水再利用系统，生态节能在此得到体

图 2-2-21 德国柏林波茨坦广场 SONY 中心

图 2-2-22 德国柏林波茨坦广场建筑

图 2-2-23 德国柏林波茨坦广场建筑

图 2-2-24 德国柏林波茨坦广场庭院

图 2-2-25 德国柏林波茨坦广场建筑

图 2-2-26 德国柏林波茨坦广场景观

图 2-2-27 德国柏林波茨坦广场景观

图 2-2-28 德国柏林波茨坦广场景观

图 2-2-29 德国柏林波茨坦广场景观

图 2-2-30 德国柏林波茨坦广场景观

现。由于柏林市地下水位较浅，因此要求该区建成后既不能增加地下水的补给量，也不能增加雨水的排放量，于是德国人将适宜建设屋顶花园的建筑全部建成"绿顶"，充分利用立体绿化滞蓄雨水；对不宜建设"绿顶"，或"绿顶"消化不了的剩余雨水，则通过带有一定过滤作用的雨漏管道进入地下总蓄水池，再由水泵与地面人工湖和水景观相连，形成雨水循环系统。

七、德国汉堡海港新城广场

汉堡是德国的第二大城市，世界各地的远洋轮都会在汉堡港停泊，成为欧洲河、海、陆联运的重要枢纽。为了便于储藏货物，19世纪末汉堡建成了面积为30万平方米，世界上最大、最古老的仓库建筑群，这一片红砖建筑物构成的免税港区，即被视为自由港汉堡和德意志帝国统一标志的"仓库城"。当今为提升城市活力，启动了绵延3.3千米，总面积157公顷的名为"海港新城"的建设项目，该项目是目前欧洲最大的在建项目。随着工程的进展，使100多年前让位给码头和仓库建筑的被视为汉堡摇篮的易北河畔地区，重新焕发了活力，成为新一代汉堡人的骄傲。

汉堡海港新城的广场景观设计充分利用了其得天独厚的地理优势，大多临水而建，功能完备，可满足健身、观光、休憩、游玩等多种使用需求，且充分体现以人为本和自然生态的设计理念，极具人情味和亲和力。广场大多呈不规则的形状，形式新颖，充满现代气息，变化丰富而且风格统一。

场景1：广场随地势高低起伏，分为两个不同的层高，立体化的布置造就了俯瞰滨水景观的不同视觉效果。高差的变化也区分出了不同的使用功能，低处的广场以休息等较为静谧的

图 2-2-31 德国汉堡海港新城广场景观

图 2-2-32 德国汉堡海港新城广场景观

图 2-2-33 德国汉堡海港新城广场景观

图 2-2-34 德国汉堡海港新城广场景观

图 2-2-35 德国汉堡海港新城新联合利华总部大楼广场景观

活动为主,高处的广场则以跑步健身等活动为主。护栏与地面
边缘并不是一成不变的平行关系,些许的转折变化增加了艺术
情趣(图2-2-31)。

场景2:灰色的地面铺装、白色的圈边、绿色的种植、曲
直结合的线性,简单的造景要素构成了变化丰富的广场景观效
果。出于交往心理的考虑,不同角度、间距适宜的座椅放置,
满足不同人群坐卧的需求(图2-2-32)。

场景3:广场的一隅,连接两个不同高度广场的挡土墙
前,运用立面有起伏、平面有转折变化的草坪绿化造景,顿时
使原本的死角变得生机盎然(图2-3-33)。

场景4:这是连接不同高差广场的大台阶,踏步上沿突出
形成强烈的光影效果,垂直于台阶方向的座凳,产生跳跃式的
变化。灰色金属管弯曲而成的现代抽象雕塑成为视线焦点,颇
具流动感(图2-3-34)。

场景5:这是位于汉堡的联合利华总部大楼楼前的广场,

图 2-2-36 德国汉堡海港新城广场景观

图2-2-37 德国汉堡海港新城广场景观

图2-2-38 德国汉堡海港新城广场景观

图2-2-39 德国汉堡海港新城广场景观

紧靠易北河,河畔停泊着豪华巨轮。挡土墙采用汉堡"仓库城"惯用的红砖,饰以白色混凝土十字架造型(图2-3-35)。

场景6:这是一个观景塔,可攀登至顶层一览海港新城的总貌。颜色使用大胆,弧线形的观景窗使人感到很亲切,整个造型充满直与曲、藏与露、繁与简的对比,极具雕塑感(图2-3-36)。

场景7:这是处于绿地与铺装交界处的休息座椅,并非生硬地沿着交界线均匀布置,而是有出有进,形式灵活。座椅本身造型亦加以变化,木质座面的宽度、朝向角度、混凝土基座的截面等均不雷同(图2-2-37)。

场景8:这个室外踏步充分考虑对残障人士无微不至的关怀,是以人为本理念的真实写照,同时坡道斜向将踏步划分为二,颇具动感,功能与形式很好地结合(图2-2-38)。

场景9:这是一个用船锚制作的现代艺术装置品,极其符合汉堡海港新城曾经的历史地位和现实作用，甚至可以想象得到在它身上发生过的故事（图2-2-39）。

场景10：木质座椅平面呈流动的曲线，让人联想到水面，与场地气质相呼应。这种造型具有一定观赏效果的同时，能适应不同亲密关系人群的使用，同时也能起到对乔木的维护作用（图2-2-40）。

场景11：这个树穴很别致，台阶、石钉、草坪、树穴划分出不同的平面区域，形式感很强。同时树穴边缘与草坪几乎完全相同的高度，亲切友好地提示人们要保护乔木（图2-2-41）。

场景12：在海港新城自然不能少了儿童活动场地，儿童活动广场以沙坑为主，上面灵活布置各种器械，与国内批量生产的不同，每个器械都是经过单独设计的，其目的在于培养孩子参与意识和挑战精神。当我们抱怨下一代只会在居室打游戏的时候，德国的孩子却更愿意在户外玩沙子（图2-2-42、图2-1-43）。

图 2-2-40 德国汉堡海港新城广场景观

图 2-2-41 德国汉堡海港新城广场景观

图 2-2-42 德国汉堡海港新城广场景观

图 2-2-43 德国汉堡海港新城广场景观

图 2-2-44 布拉迪斯拉发老城中心广场

图 2-2-45 布拉迪斯拉发老城中心广场罗兰喷泉

图 2-2-46 布拉迪斯拉发老城中心广场真人秀

1. 图2-2-47 布拉迪斯拉发老城中心广场
《掉队的士兵》雕塑

2. 图2-2-48 布拉迪斯拉发老城中心广场
《水道工古米》雕塑

八、斯洛伐克布拉迪斯拉发老城中心广场

该广场是斯洛伐克首都布拉迪斯拉发市中心最大的广场，广场上坐落着建于1421年的老市政厅，它于1868年被改造为市政博物馆（图2-2-44）。广场中间的喷泉建于1527年，名为罗兰喷泉，也是城里最古老的喷泉（图2-2-45）。

中心广场最具特色的莫过于其中的雕塑，比较著名的有《掉队的士兵》《水道工古米》《好客的礼貌先生》等，这些雕塑充满了诙谐趣味。另外还常有一些真人行为艺术表演，使人真假莫辨（图2-2-46）。

（一）《掉队的士兵》

据说有一位拿破仑军队的士兵，因掉队而永远留在了斯洛伐克，雕像以此为主题，他头戴拿破仑帽，身披大衣，弯腰伏在一张长椅靠背上，成为游客争相留念的艺术品，而他的身后就是法国大使馆（图2-2-47）。

（二）《水道工古米》

该雕塑位于老城区一个十字路口，又被称为"黄铜的幽默"。这个高仅0.5米的黄铜雕塑表现了一位戴着头盔的工人正掀开井盖、从下水道口冒出身来，趴在井口上看着过往的行人的形象（图2-2-48）。

（三）《好客的礼貌先生》

这是一座与真人大小相仿的铅制银白色雕塑，表现了一位身穿礼服、面带微笑的老人，右手挥着礼帽向路人致意的生活场景（图2-2-49）。

图2-2-49 布拉迪斯拉发老城中心广场
《好客的礼貌先生》雕塑

九、卢森堡工业遗址广场

卢森堡位于欧洲西北部，东邻德国，南毗法国，西部和北部与比利时接壤，是欧盟中人均收入和生活水平最高的国家之一，以钢铁工业为主，是化工、机械制造、橡胶、食品工业等长足发展的国家。当今，在"绿色"思想发展的引导下，曾经的许多工矿企业被废弃，其遗址在被保护的基础上，也被赋予了崭新的功能和形式。

该广场呈矩形，其中一个长边的工业建筑保持原有形态，向人们诉说曾经的辉煌经历（图2-2-50），另外三边则为现代综合商场、商业办公、酒店等建筑。照明灯具也是利用原本是厂房的钢筋混凝土构造柱，加以现代感较强的灯头，行走其间能感受到很浓的工业氛围和历史与现代的交融（图2-2-51、图2-2-52）。在保留工业遗产精华的基础上，使用大量的现代景观设计手法，最终是为当代人精神的满足以及实际使用功能的需求服务的，同时展现地域文化的特征（图2-2-53~图2-1-57）。

图 2-2-50 卢森堡工业遗址广场

图 2-2-51 卢森堡工业遗址广场

图 2-2-52 卢森堡工业遗址广场

图 2-2-53 卢森堡工业遗址广场景观细部

图 2-2-54 卢森堡工业遗址广场景观细部

图 2-2-55 卢森堡工业遗址广场景观细部

图 2-2-56 卢森堡工业遗址广场景观细部

图 2-2-57 卢森堡工业遗址广场景观细部

广场旁边就是火车站，其造型独特，平面呈流线型，采用钢、混凝土、玻璃等现代建筑材料，屋顶是半透明的膜结构，自然式采光能满足大多状况下的照明。支撑柱倾斜一定的角度，使整体更显得轻盈曼妙（图2-2-58、图2-1-59）。

十、德国斯图加特奥特莱斯购物中心广场

该广场位于德国黑森林阿尔卑斯山脚下，斯图加特郊外名叫麦琴根的小镇上，是德国最大的厂家品牌直销市场，也是不讲求时尚的德国最时尚的地方，它使得这个原本默默无闻的小城远近闻名。在这里不仅能买到价格实惠的名牌商品，更能领略到宜人的商业广场景观。

购物中心的入口广场，以绿植为主的长条形花坛将行走空间与休闲空间分隔开来，金属护栏的下方缓缓流淌着河水，在行进的过

图2-2-58 卢森堡工业遗址广场火车站景观

图2-2-59 卢森堡工业遗址广场火车站景观

图2-2-60 德国斯图加特奥特莱斯购物中心广场

图2-2-61 德国斯图加特奥特莱斯购物中心广场

程中可欣赏河水的流动。两侧的现代建筑极富现代时尚感,一直一曲形成鲜明对比,吸引人们前行(图2-2-60、图2-1-61)。

广场上设有许多特点鲜明、富有人情味的景观小品,如这件晾晒着的裤子(图2-2-62),由金属腐蚀板制作,充满诙谐的情趣。

如图2-2-63所示的是一处购物广场边缘的休息区域,运用水来造景和划分空间,水不深可作为儿童涉水池,使人们能参与到景观中来。池中布置错落的石块,充满欢快的跳动感。

景墙上是购物中心的平面引导图,方形的橱窗与圆形的空洞形成对比。形式简易的凉亭为查找地图以及玩木马的儿童提供遮阳避雨的保护(图2-2-64)。

十一、结语

欧洲的广场绝不仅是镁光灯下的珠宝，它是人们日常使用最多的场所空间，是人们聚集的场所，是人们享受生活的地方。欧洲的城市广场绝不仅仅是简单的人工构筑物，功能需求、社会权力制衡、精神信仰等诸多因素共同制约其外在形式，从一个侧面记录了自古希腊起整个人类社会文明的进程。

图 2-2-62 德国斯图加特奥特莱斯
购物中心广场景观小品

图 2-2-63 德国斯图加特奥特莱斯
购物中心广场景观小品

图 2-2-64 德国斯图加特奥特莱斯
购物中心广场景观小品

第三节 欧洲城市广场景观鉴赏

图 2-3-1 瑞典斯德哥尔摩

图 2-3-2 芬兰赫尔辛基

图 2-3-3 挪威奥斯陆

图 2-3-4 捷克布拉格

图 2-3-5 斯洛伐克布拉迪斯拉发

图 2-3-6 匈牙利布达佩斯

图 2-3-7 奥地利维也纳

图 2-3-8 法国巴黎

图 2-3-9 德国柏林

图 2-3-10 德国汉诺威

图 2-3-10 德国多特蒙德

图 2-3-12 德国科隆

图 2-3-13 德国杜塞尔多夫

图 2-3-14 德国波恩

图 2-3-15 德国不莱梅

图 2-3-16 德国法兰克福

图 2-3-17 德国海德堡

图 2-3-18 德国纽伦堡

图 2-3-19 德国莱比锡

图 2-3-20 德国乌尔姆

图 2-3-21 德国科布伦茨

图 2-3-22 德国罗滕堡

图 2-3-23 德国德累斯顿

图 2-3-24 德国斯图加特

图 2-3-25 德国慕尼黑

图 2-3-26 德国罗斯托克

图 2-3-27 德国卡塞尔

图 2-3-28 意大利罗马

|第三章| 欧洲城市街道景观

图 3-1 德国纽伦堡街道景观

图 3-2 德国纽伦堡街道景观

图 3-3 奥地利萨尔斯堡街道景观

图 3-4 瑞典斯德哥尔摩街道景观

"当我们想到一个城市时，首先出现在脑海里的就是街道。街道有生气，城市也就有生气；街道沉闷，城市也就沉闷。"（摘自简·雅各布的《美国大城市的生与死》）

随着人们对人居环境质量要求的不断提高，城市街道景观设计已经成为城市规划中不可缺少的重要组成部分，逐渐被人们所关注与重视。城市街道这种线形景观是城市景观的重要组成部分，人们通常把城市街道景观比喻成城市景观的"血脉"，街道是城市景观的框架。具有特定功能的街区更是集建筑、广场、公共艺术、滨水等公共空间景观于一体，体现城市意向的城市景观形式，且随着城市的发展而不断得以改造，是一个城市千百年历史、人文的积淀，是地域城市文化的综合体现（图3-1、图3-2）。

街道由其两侧的建筑所界定，由其内部秩序形成外部空间。在一定程度上，城市街道代表了城市的形象，一个城市给人留下深刻印象的往往是城市街道上的景观以及它的尺度，街

1. 图 3-5 意大利佛罗伦萨街道景观

2. 图 3-6 意大利佛罗伦萨街道景观

3. 图 3-7 比利时布鲁塞尔街道景观

4. 图 3-8 比利时布鲁塞尔街道景观

道两侧建筑物的体量和风格，色彩各异的广告牌匾和指示标牌，独具特色的绿化、小品、设施等。因此街道不只用于通行，供人活动的街道更可以说是情感聚集的地方，是文化交流、信息获取的重要场所，整个城市的塑造在一定程度上受街道环境形象的影响。对于生活在这个城市的人们来说，街道景观质量的提高更可以增强市民的自豪感和凝聚力（图3-3、图3-4）。

街道景观存在的理由不仅仅是"摆设"那么简单，它更多的是一种时间的记忆，成为一座城市的轴线，让人们能触摸到历史，也能延伸影响到明天（图3-5～图3-8）。欧洲现代城市街道景观具有实用性和欣赏性的双重价值，兼具空间形态和场所精神，展现街道的时代个性、地域特色，传达街道的意象和文脉，值得我们学习、品味。

图 3-1-1 德国吕贝克街道景观

第一节 欧洲城市街道景观的特征

欧洲人性情奔放，热于交往。最初的街道是自发形成的，随着围合建筑数量的不断增加而得以延续，作为集贸或军事的通道，后来才逐渐变成了公共场所。欧洲的许多城镇，至今仍然有许多保存完好的中世纪风格的街道景观，由高密度低层的老建筑形成，建筑入口正对着街道。街道的蜿蜒转折，怡人的尺度，恰当的宽高比

图 3-1-2 德国吕贝克街道景观

例，装饰美观而又和谐统一的建筑外墙，拼镶纹样的地面铺装，共同形成了很多布置自由的公共空间，构成独特的城市形态。这些开放空间既是对建筑功能的补充，更是交流的场所，人们在这里聚集、交谈（图3-1-1、3-1-2）。

一、欧洲城市街道景观变迁

欧洲古希腊、古罗马时期的城市居民多为商人和手工业者，城市布局通常以大广场、教堂、市集为中心，街道弯曲，呈放射状发散，成为当时供人穿越、交往和进行各种活动的线性空间。

中世纪的欧洲处于宗教的狂热之中，城市发展缓慢，这种长时间的积淀，使得建筑呈现一种有机的布局，而非简单的整齐排列，城市道路也蜿蜒曲折，时窄时宽，极富人情味。禁欲主义的盛行使得人们崇尚简朴的生活，街道路面多为泥地，也有的采用石块、石钉、砾石等材料，尽显古朴之风。街道空间是以人的步行为基本单元布置，尺度相对狭窄、曲折，具有丰富多变的视觉效果（图3-1-3）。

14世纪，文艺复兴的人文精神使欧洲人摆脱了神权的掌控，城市手工业和商业得到发展，世俗建筑成为城市的中心，宗教建筑逐渐退出历史的舞台，原有城市的界限被打破，并不断向外扩展。科学技术的发展使人类对社会和自然的控制力加强，马车成为主要的交通工具，便捷的、笔直的、宽阔的街道成为通行的必需。这一时期的街道呈严谨的几何形式，原本富有情趣的街道景观逐步消失。16世纪后的欧洲城市有着明确的设计目标和完整的规划体系，彻底打破欧洲中世纪城市街道自然、随机的格局，代之以整齐的、具有强烈秩序感的轴线系统。

进入20世纪，欧洲城市的最大变化是通讯与交通方式的飞速发展，原本适合人行走、慢速移动的城市空间大量改变为以汽车等各式快速交通工具为主体的空间设计。在此期间，城市设计着重大尺度的规划设计，汽车成为了主体，占据了街道的主要空间。大量的工业产物如建筑、车道、机械成为城市的主体，人则处于附属地位（图3-1-4）。

20世纪70年代以后，欧洲的设计师有所醒悟，对环境、城市空间和公共空间的认识发生了变化。在这一时期，城市设计从原本只着重大尺度的"城市景观"，转变为追求尺度宜人的"城镇景观"，人重新成为城市的主角。街道景观设计从

图 3-1-3 德国弗莱堡中世纪街道景观

图 3-1-4 法国巴黎街道景观

图 3-1-5 德国海德堡街道景观

图 3-1-6 德国罗斯托克街道景观

1. 图 3-1-7 奥地利维也纳街道景观

2. 图 3-1-8 德国汉诺威街道景观

3. 图 3-1-9 德国纽伦堡街道景观

4. 图 3-1-10 德国罗斯托克街道景观

图 3-1-11 德国汉堡街道设施（过街天桥的自动扶梯可通过自助的方式控制上下行方向）

图 3-1-12 德国汉堡街道设施（带太阳能板的街钟，体现节能理念）

"以人为本"的中心观念再出发，使呆板单调的城市空间和室外空间逐渐恢复原有的人性空间所具备的亲切感、安全感与舒适感（图3-1-5、图3-1-6）。在这种背景之下，路面窄、划分密集、连通性极高的道路网，成为欧洲城市规划的主流。

二、欧洲城市街道景观历史文化的传承与创新

街道景观作为城市文化的一种载体，必须首先着眼于当地的文化传承，寻求现代与传统的有效融合，才能够使城市的街道景观具有自己的地域特色。欧洲城市的兴衰沉浮给历史街区留下大量的历史文化遗产，这些宝贵的文化资源构成了城市化的精髓，塑造出众多历史文化名城的独特魅力，也形成了独特的城市文脉。当今的欧洲，非常重视历史街道景观的保护，重视城市肌理的延续，使得欧洲城市街道因其个性与特色，给人们留下深刻的印象。

城市街道景观首先是为当代人所使用，它应满足当代人的物质需求和精神需求，并将当代人的审美观念反映在景观设计中，要求城市街道景观要具有一定的时代文化精神。保护并不等同于束之高阁，由于欧洲老街道两侧古典建筑多为石材建造，大多保留完好，许多百年以上的建筑仍然被正常使用。建筑虽老，但内部改造得设施完善、空间合理。许多城市古老的街道与现代街道并存，共同诠释城市发展的前世与今生，行走在欧洲的大街小巷，仿佛穿越时空，感受着历史，享受着现代（图3-1-7～图3-1-10）。

三、欧洲城市街道"以人为本"的设计理念

考虑大众的思想，兼顾人类共有的行为，群体优先是现代城市街道景观空间形态设计的基本原则。城市环境是人类聚居生活的地方，城市环境的核心是人。城市公共空间是人与人交流的地方，公共空间或景观不只是让人展示的而是供人使用的，应更多地从行人的角度和心理需求出发，本着关注人性的心态，设计出"大众需要的作品"。

街道设施是一个城市细部的重要体现，在反映城市文明的同时诠释着城市文化特征，是人们了解城市、认知城市的传载物。欧洲城市街道的公共设施非常完善，路中间的交通岛、自助式的行人交通信号灯、锁自行车的栏杆、休息座凳、电话亭、垃圾箱、景观小品、地铁站、公交汽车站、过街天桥等，应有尽有（图3-1-11~图3-1-20）。

欧洲城市对残疾人设计设施的考虑反映其文明的发展阶段。包括完整的盲人通道、盲人过马路的响声、盲人过马路按钮、盲文的扶手导向和电梯按钮、残疾人厕所、残疾人紧急的呼叫按钮、残疾人专用停车位等(图3-1-21、图3-1-22)。

图 3-1-13 德国汉堡街道设施
（街头公共卫生间）

图 3-1-14 德国汉堡街道设施
（锁自行车的不锈钢栏杆）

图 3-1-15 德国汉堡街道设施
（地铁站入口）

图 3-1-16 德国汉堡街道设施
（公交汽车站）

图 3-1-17 德国汉堡街道设施
（休息座凳）

图 3-1-19 德国汉堡街道设施
（自助式交通指示灯和自行车指示灯）

图 3-1-18 德国汉堡街道设施（景观小品）

图 3-1-20 德国汉堡街道设施（植物绿化）

图 3-1-21 德国汉堡街道设施
（楼梯栏杆上的盲文）

四、欧洲城市沿街建筑

"街道，正是由于它周围的建筑物才构成街道，没有建筑物也就无所谓街道"，可见建筑对街道空间的重要作用。建筑的围合造就了街道空间，同时建筑的形态、体量、立面的形式及质感等对街道的性格表达均有重要的意义。建筑的立面是街道的舞台背景，它的形式、色彩、质感、肌理等都造就了街道的表情和特征。因此街道两旁的建筑往往也是街道空间设计中最为重要的因素之一，对街道两旁的建筑的统一性及其形体、立面以至质感等需要加以仔细考虑。欧洲城市街道两旁的建筑，形式多样，力求变化，但都具有连续性，并形成一个完整的街道空间。沿街建筑高度为2～4层，都不超过当地的教堂和市政厅（图3-1-23～图3-1-26）。

商业街建筑上的广告标牌极富地方色彩，形式丰富，并能直观地体现商店的营业种类。有的以垂直绿化加以装点，有的是蔓生植物爬满墙面，有的是利用花钵摆满窗台，给街道景观带来勃勃生机（图3-1-27、图3-1-28）。

图 3-1-22 德国汉堡街道设施
（方便推自行车上楼梯的金属轨道）

图 3-1-23 荷兰阿姆斯特丹沿街建筑

图 3-1-24 法国巴黎沿街建筑

图 3-1-25 瑞士苏黎世沿街建筑

图 3-1-26 瑞典斯德哥尔摩沿街建筑

五、欧洲城市街道的交往空间

以往那种路过式的外部空间已不合时宜了,现在人们需要的是休闲其中的场所,开放空间或广场是不可缺少的,它能使人们在每天繁忙的生活中享受街道带来的乐趣。可以通过将街道交叉点或转折点处扩大形成广场,或者将街道空间局部扩大形成具有一定私密性的空间等手法为人们提供逗留的场所,并设置雕塑、绿植、休息座凳等公共设施,形成充满人气的、有无限活力的公共交往空间(图3-1-29、图3-1-30)。

欧洲城市街道注重提供不同功能和不同性质的建筑,不同功能和不同性质的建筑使得不同职业、不同层次的人群在出行时间上形成互补,从而保证街道在一天的不同时段保持活力(图3-1-31)。

欧洲城市街道景观设计注重增加人们接触的机会,设计师和规划师为大众提供便于交流的场所,如在街道上设置适当休息的座椅、或路边的小餐馆、咖啡厅和茶室等(图3-1-32)。

图 3-1-27 奥地利萨尔斯堡街道商业建筑告示牌

图 3-1-29 德国汉堡街道公共交往空间　　图 3-1-28 德国弗莱堡街道建筑垂直绿化

图 3-1-30 德国杜塞尔多夫街道公共交往空间

图 3-1-31 德国多特蒙德不同性质的建筑

图 3-1-32 德国法兰克福街道露天茶座

图 3-1-33 德国德累斯顿舒适的街道环境

欧洲城市街道设计注重舒适性的提高，这样可以使人们愿意在街道中多停留，增加街道活动发生的机会（图3-1-33）。

第二节　欧洲城市街道景观评析

一、法国巴黎香榭丽舍大街

香榭丽舍大街又名"爱丽舍田园大街"，取意为"田园乐土"，是巴黎最美丽的街道。该大街位于法国巴黎西北部的八区，东起矗立着方尖碑的协和广场，西至屹立着凯旋门星形的广场（即戴高乐广场），大街西高东低，东西向延伸1915米，南北宽约100米。香榭丽舍大道被圆点广场分为东西两段：东段是一条约700米长的林荫大道，以自然风光为主，平坦的草坪上绿树成行；西段是长约1200米的高级商业区，有很多奢侈品商店和演出场所，还有许多著名的咖啡馆和餐馆（图3-2-1～图3-1-6）。

图 3-2-1 法国巴黎香榭丽舍大街
东端的协和广场

图 3-2-2 法国巴黎香榭丽舍大街西端的星形广场

图 3-2-3 法国巴黎香榭丽舍大街东段

图 3-2-4 法国巴黎香榭丽舍大街西段

图 3-2-5 法国巴黎香榭丽舍大街西段 LV 总店

图 3-2-6 法国巴黎香榭丽舍大街西段大皇宫

二、德国杜塞尔多夫国王大道

杜塞尔多夫国王大道是德国北莱茵—威斯特法伦州最奢华的购物街和德国最高档的街道。该大道位于杜塞尔多夫市中心，南北走向，中间是宽30米，水深5米，长达590米的水渠，几座桥梁横跨两岸。大道两侧栗树成荫，因此也称为"栗树大道"。大道西侧是银行区，坐落着德国的主要银行分支机构大楼和酒店，包括布莱登·巴赫宫廷酒店和史戴根贝尔格公园酒店；东侧是高档商业区，密布着众多的国际顶级商店和购物中心（图3-2-7～图3-1-12）。

图 3-2-7 德国杜塞尔多夫国王大道水渠

图 3-2-8 德国杜塞尔多夫国王大道水渠上的桥

图 3-2-9 德国杜塞尔多夫国王大道西侧

图 3-2-10 德国杜塞尔多夫国王大道西侧

图 3-2-11 德国杜塞尔多夫国王大道东侧

图 3-2-12 德国杜塞尔多夫国王大道东侧

三、德国柏林菩提树下大街

菩提树下大街是柏林最具普鲁士风情和历史感的街道，仿佛在诉说着德意志的沧桑。菩提树下大街始建于1647年，由腓特烈二世主持修建。大街两边有4行挺拔的椴树(被误译为菩提树)，它东起马克思恩格斯广场，西至勃兰登堡门，长1475米，宽60米。菩提树下大街有8条行车线，两旁是是柏林最辉煌时期建造的建筑物。大街的北面有德国历史博物馆、卫戍大厅（法西斯和军国主义受害者纪念堂）、洪堡大学、老图书馆等；南面有皇宫、国家歌剧院和皇家图书馆等（图3-2-13～图3-1-18）。

图3-2-13 德国柏林菩提树下大街西端勃兰登堡门

图3-2-14 德国柏林菩提树下大街东端马克思恩克斯广场

图3-2-15 德国柏林菩提树下大街老皇家图书馆

图3-2-16 德国柏林菩提树下大街卫戍大厅

图3-2-17 德国柏林菩提树下大街国家历史博物馆

图3-2-18 德国柏林菩提树下大街洪堡大学

四、奥地利维也纳格拉本大街

"格拉本"意为"沟"，大街的原址是护城河，直到1225年才被填平成为广场，是奥地利维也纳最漂亮、最著名的购物街，沿街坐落着许多品牌店、餐厅、露天咖啡馆等。格拉本大街上矗立着鼠疫灾难纪念柱，它是一座巴洛克式金色冠顶的纪念柱，是为了感谢上帝遏制了17世纪流行的鼠疫而建，纪念柱由一根白色石头雕刻而成，上面人物众多，主要表现三神像与皇帝的跪拜像，旁边一位把象征鼠疫的老妪推向地狱。大街上还坐落着建于12世纪末的圣斯特凡大教堂，教堂高137米，建筑风格呈奇特的混合式，朝西的正门是罗马风格，尖塔是哥特式，而圣坛是巴洛克风格，该建筑是维也纳的标志性建筑之一（图3-2-19～图3-1-24）。

图3-2-19 奥地利维也纳格拉本大街鼠疫灾难纪念柱

图3-2-20 奥地利维也纳格拉本大街圣斯特凡大教堂

图 3-2-21 奥地利维也纳格拉本大街

图 3-2-22 奥地利维也纳格拉本大街

图 3-2-23 奥地利维也纳格拉本大街

图 3-2-24 奥地利维也纳格拉本大街

第三节 欧洲城市街道景观鉴赏

图 3-3-1 瑞典斯德哥尔摩街道景观

图 3-3-2 奥地利因斯布鲁克街道景观

图 3-3-3 捷克布拉格街道景观

图 3-3-4 斯洛伐克布拉迪斯拉发街道景观

图 3-3-5 瑞士苏黎世街道景观

图 3-3-6 意大利罗马街道景观

图 3-3-7 德国纽伦堡街道景观

图 3-3-8 德国汉堡街道景观

图 3-3-9 德国汉诺威街道景观

图 3-3-10 德国吕贝克街道景观

图 3-3-11 德国多特蒙德街道景观

图 3-3-12 德国德累斯顿街道景观

| 第四章 | 欧洲城市滨水景观

图 4-2 俄罗斯伏尔加河滨水景观

图 4-1 英国泰晤士河滨水景观

图 4-3 挪威奥斯陆滨水景观

图 4-4 瑞士苏黎世滨水景观

　　滨水景观是指"与湖泊、河流、海洋毗邻的土地或建筑、城镇邻近水体的部分所共同构成的景观"，是自然生态系统和人工建设系统相互交融的城市公共的开敞空间。

　　人类文明的产生、发展均离不开水，幼发拉底河、底格里斯河孕育了古巴比伦文明，尼罗河孕育了古埃及文明，印度河孕育了古印度文明，长江、黄河孕育了华夏文明，爱琴海孕育了古希腊文明，古罗马人更是将地中海变为自己的内湖。水系在灌溉、交通等方面也起到巨大的作用，诸如京杭大运河、伏尔加河、易北河等的水陆运输，促进了贸易、信息等的交流。达迦马、哥伦布、麦哲伦的航海大发现，才使人类完整地认知其赖以生存的地球。当今的滨水景观更成为了城市最优美的景色，法国的塞纳河、匈牙利的多瑙河、德国的莱茵河、英国的泰晤士河等，早已成为其所在城市的名片。城市滨水区作

图 4-5 意大利佛罗伦萨滨水景观

图 4-6 荷兰阿姆斯特丹滨水景观

图 4-7 德国吕贝克滨水景观

图 4-8 德国纽伦堡滨水景观

为水陆接壤的区域,是城市中得天独厚的资源和特定的空间,是城市风韵的绝佳诠释,被赞誉为"天然的门户""休闲的客厅"、城市的"蓝带""绿肺"等。在尊重传统、倡导生态、发展科技的今天,城市滨水景观作为一种载体,弘扬着城市历史文化,在展现一个城市特殊风貌的同时,为人们提供游憩、观赏、娱乐、健身的公共场所,成为城市环境的亮点(图4-1、图4-2)。

古代的欧洲,由于对传统农业生产的高度依赖,水被高强度地使用,滨水区域成为人口最集中、最为繁华的村落、城镇。中世纪欧洲人们的生产生活主要基于手工业和长距离的商业贸易,水运成为远距离交通运输的动脉,河流交汇处的城市得到了迅速发展。工业化时期的欧洲,蒸汽机、内燃机等的相继发明，使得人们不再单纯依赖自然力，而是提高了铁路、公路等的运输能力，城市开始向内陆迁徙，大城市、超大型城市相继出现。与此同时，滨水区成为了工业生产空间，被大量的厂房、仓库和铁路轨道等工业建筑与设施所充斥，导致滨水空间从城市的整体肌理中分离出来，切断了其与城市生活之间的内在联系。信息革命的到来更是加速了港口、码头从兴盛走向衰落，城市滨水区反而成为衰退和废弃的焦点问题区域。直到20世纪80年代，滨水区域的复兴与滨水景观的更新，才成为欧洲城市建设中的热点和普遍的现象。欧洲人在将滨水空间重新融入城市肌理和城市生活，创造更富活力的城市图景等方面，已经取得很好的实践效果，值得我们深入探讨、研究（图4-3、图4-4）。

第一节 欧洲城市滨水景观的特征

一、注重滨水景观的共享性

城市滨水区是大自然赋予城市得天独厚的一份宝藏，是城市最为美丽的地区，是全体市民的公共财富，城市应当让全体市民无偿共享滨水的乐趣和魅力，提供可以共同使用、相互交流、相互接触的公共活动场所。欧洲城市滨水区域极力避免为私人独占，保证了景观的完整性，更能保证市民能在其中自由地、连续地活动，使其成为一条风景优美、自然景观丰富的游览线（图4-1-1、图4-1-2）。

图 4-1-1 挪威奥斯陆滨水景观

图 4-1-2 德国汉堡滨水景观

图 4-1-3 德国汉堡滨水景观

图 4-1-4 德国汉堡滨水景观

二、注重滨水景观的多样性

欧洲城市滨水区提供多种形式的功能，如林荫步道、成片的绿荫休息场地、儿童娱乐区、音乐广场、游艇码头、观景台、赏鱼区、帆船区、皮划艇区等。使其成为集游憩、社会、文化设施等于一体的、面向广大市民的休闲与消费场所（图4-1-3、图4-1-4）。欧洲城市滨水景观在规划层面上注重打通人们到达滨水区的通道，创造视线通廊，保证该区域的可达性。区域内通常设置多重步行带，分别为步行、慢跑和骑自行车的人士使用，形式多样，功能明晰。

三、注重滨水景观的可接近性

亲水是人的天性，水对于人类有着一种内在的、与生俱来的持久吸引力。城市滨水景观是满足人类亲水的最好所在，无论是在漫步道的布局、驳岸、围护设施的处理，还是水上活动项目等都竭力满足人类对回归自然的追求，实现人们接近滨水、体验滨水、享受滨水的愿望。

　　欧洲城市滨水景观区的亲水建筑通常体量不大，但却与水存在着强烈的内在依存关系。这种关系可能是功能上的，如停泊帆船的码头、供游人休憩的凉亭、游戏的设施等，也可能是艺术形式上的，如面向水面大尺度的悬挑、与水面形成的光影效果、登高俯览的观景塔等。滨水建筑大多呈散落式分布，以蓝天、树丛、群山为背景，水体又提供了良好、通畅的视野，使其成为一座城市的标志性建筑。欧洲城市滨水景观在驳岸的处理上灵活多样，但无论是采用亲水平台、缓坡草坪、块石、木桩、起伏的地形等任何形式，都力求与水体的无限接近，力求模糊人工与自然的界限（图4-1-5~图4-1-7）。

　　在欧洲的滨水区还生活着大量的水鸟，野鸭、鸳鸯、天鹅、海鸥等比比皆是，人与动物和谐共存，人与自然无限接近，达到了"水清岸绿，鱼跃鸟鸣"的境界（图4-1-8）。

图 4-1-5 德国汉诺威滨水景观

图 4-1-6 德国卡塞尔滨水景观

图 4-1-7 挪威奥斯陆滨水景观

图 4-1-8 德国汉堡滨水景观

图 4-1-9 德国汉堡滨水景观

图 4-1-10 德国汉堡滨水景观

四、注重滨水景观的生态性

　　生态是滨水景观营造的关键，在水滨植被设计方面，多采用自然化群落式种植，物种丰富，适应性强。欧洲人注重植物的多样性，在参天大树的覆盖下，在宽阔无边的如茵草坪上，在似锦的花灌木的簇拥下，植被搭配多层次组合，形成了多样性的景观和娱乐场所。植物在改善城市气候、维持生态平衡的同时，增加了软地面和植被覆盖率，提供了荫凉并减少了热辐射，实现了城市有氧率的增值。欧洲国家非常重视雨水收集、地面渗水、中水回用等，除非功能的需求不得已而采用沥青或带有混凝土垫层的地面铺装形式，欧洲人大量使用透水性能强的铺装材料，诸如碎沙、砾石、石钉等。良好的生态环境，营造出颐心养性、舒缓城市工作压力的理想休憩地，是人们在城市生活中呼吸清新空气的场所（图4-1-9、图4-1-10）。

第二节 欧洲城市滨水景观评析

一、德国汉诺威马斯湖滨水景观

汉诺威是德国下萨克森州的首府，处于北德平原和中德山地的相交处，处在德国南北和东西铁路干线的交叉口，同时又濒临中德运河，地理位置得天独厚，环境优美、经济发达，汉诺威又被称为"花园之城""博览会之城""绿色大都会"等。

马斯湖也译为"玛狮湖"，它是一个坐落在城市中心的人工湖泊，长2.4千米、宽0.53千米，平均水深2米，绕湖一圈7.5千米，占地78公顷。在这里既可修身养性、遍览美景，也可沿着环湖跑道日常健身，在湖中开展帆船、皮划艇等水上运动，平日游客还可乘坐利用太阳能技术装潢船顶的游船。马斯湖滨水景观草坪如茵、树木参天，尽显自然风韵，因此成为汉诺威城市文化与游憩开放空间的核心场所，常常令市民与游客流连忘返（图4-2-1~图4-2-4）。

图 4-2-1 德国汉诺威马斯湖滨水景观

图 4-2-2 德国汉诺威马斯湖滨水景观

图 4-2-3 德国汉诺威马斯湖滨水景观

图 4-2-4 德国汉诺威马斯湖滨水景观

图 4-2-5 德国科隆莱茵河滨水景观

图 4-2-6 德国科隆莱茵河滨水景观

图 4-2-7 德国科隆莱茵河滨水景观

二、德国科隆莱茵河滨水景观

莱茵河意为"清澈明亮"，是西欧第一大河，发源于瑞士境内的阿尔卑斯山北麓，流经德国、法国，在荷兰的鹿特丹汇入北海，全长1320千米。莱茵河是欧洲水陆运输的大动脉，莱茵河流域是德国主要的葡萄酒产区之一。

莱茵河在德国境内通航里程719千米，是德国的摇篮，在德国有"父亲河"之称。莱茵河流经许多德国重要城市，如美因茨、科布伦茨、波恩、诺伊斯和科隆等，两岸坐落着50多座古堡、宫殿遗址，以及景色秀丽的古城，而从科隆到美因茨之间约200千米是莱茵河景色最美的的河段。

科隆是德国最古老的城市，公元前37年前后即被纳入罗马帝国的版图，是莱茵河畔的明珠。雄伟壮丽的科隆大教堂就位于莱茵河的左岸，与欧洲重要的交通枢纽之一的科隆火车站总站毗邻。右岸则坐落着许多现代建筑，如微软公司的办公楼、巧克力博物馆等，与老城区形成鲜明对比。隔着莱茵河水，现代与传统共同演绎着科隆的历史与未来。莱茵河沿岸设置了许多休闲、游戏设施，工作之余人们在这里漫步、日光浴、嬉戏，到处是欢声笑语（图4-2-5～图4-2-7）。

图 4-2-8 德国科隆莱茵河滨水景观
——道伊泽尔港口德里大桥

　　科隆境内的莱茵河上横跨勒沃库森大桥、姆尔海玛大桥、动物园大桥、罗登教堂大桥、科隆南桥、道伊泽尔大桥、道伊泽尔港口德里大桥、塞弗林大桥等多座大桥，其中最为著名的当属霍亨索伦桥。该桥始建于1907年，由三座平行的桥组成，每座桥上有三个钢铁桁架拱，其位于科隆大教堂的轴心上，规模宏大，是科隆莱茵河畔景观不可或缺的有机组成部分（图4-2-8）。

三、德国汉堡港口新城滨水景观

　　德国汉堡濒临北海和波罗的海，易北河穿城而过，同时阿尔斯特河、比勒河以及上百条河汊和小运河遍布市区，被誉为"德国通往世界的大门"。汉堡拥有大小桥梁2400多座，超过伦敦、威尼斯、阿姆斯特丹三地的总和，是世界上桥梁最多的城市。

　　为了便于储藏货物，19世纪末汉堡建成了面积为30万平方米，世界上最大、最古老的仓库建筑群，这一片红砖建筑物构成的免税的港区，即被视为自由港汉堡和德意志帝国统一的标志的"仓库城"。当今为提升城市活力，启动了绵延3.3千米，总面积157公顷的名为"海港新城"的建设项目。港口新城毗邻原自由港仓库城，这里的楼房、桥梁、堤岸、水面共同组成了一个具有世界级意义的历史文化遗产，1991年被列入"自由汉萨城"的汉堡市的历史建筑保护名单（图4-2-9）。经过多年的努力，港口新城逐渐建设成为一个集居住、休闲、旅游、商业和服务业功能于一身，符合人们对现代生活需求的新型城区。这里云集众多国际级建筑师的作品，包括德国汉堡易北河音乐厅、H2O住宅、联合利华总部大楼、AM KAISERKAI 56住宅、《明镜》周刊总部大楼、SPV1-4苏门答腊办公大厦、马可波罗塔等（图4-2-10）。

在德国汉堡港口新城滨水区域景观改造过程中，汉堡人不仅仅单纯从建筑材质、形态与尺度上与历史建筑相协调，也不仅仅通过具有历史特色的船舶、起重机等景观元素来呼应港口的景观功能特征，唤醒人们的记忆（图4-2-11、图4-1-12），而是力求丰富各种商业经营和城市文化活动，努力维持该区域的整体活力和多样性，使其真正成为与城市血脉相通的有机体。

图 4-2-9 德国汉堡港口新城滨水景观

图 4-2-10 德国汉堡港口新城滨水景观

图 4-2-11 德国汉堡港口新城滨水景观

图 4-2-12 德国汉堡港口新城滨水景观

图 4-2-13 杜塞尔多夫媒体港湾滨水景观

图 4-2-14 杜塞尔多夫媒体港湾滨水景观

图 4-2-15 杜塞尔多夫媒体港湾滨水景观

图 4-2-16 杜塞尔多夫媒体港湾滨水景观

四、德国杜塞尔多夫媒体港湾滨水景观

杜塞尔多夫媒体港湾是莱茵河老港口改造的项目，贸易港上的码头堤岸、码头阶梯、铁系揽柱、铁扶手、运货的铁轨和配套的起重机都属于纪念物从而受到保护，同时配置最先进的媒体高新技术，给旧空间披上了新衣。特别的是，在这个不足4平方千米范围内，改造原则是"个性化并且能适应它未来使用者的要求"，使得这个地区的建筑风格并不整齐划一，而更多的是彰显个性，也得益于诸多国际上具有创新精神的建筑师，如弗兰克•盖里、戴维•奇普菲尔德、乔•柯伦、斯蒂文•霍尔、克劳德•瓦斯克尼等人。这里坐落着杜塞尔多夫海关大楼、凯悦酒店、莱茵威斯特法伦州经济研究所大厦、杜塞尔多夫城市之门、Hafen大厦等充满魅力的建筑（图4-2-13～图4-1-16）。

五、法国巴黎塞纳河滨水景观

塞纳河是流经巴黎市中心的法国第二大河，全长780千米，流域面积7.8万平方千米。塞纳河是巴黎的母亲河，她横贯巴黎，把城市分为南北两部分，通常把北岸称为"右岸"，把南岸称为"左岸"。巴黎许多主要的建筑坐落在塞纳河两岸，如卢浮宫博物馆、埃菲尔铁塔、自由女神像、荣军院、大皇宫、先贤祠、奥尔赛博物馆、爱丽舍宫、协和广场、法国议会大厦、星形广场、凯旋门、亚历山大三世桥、市政厅以及西岱岛上的巴黎圣母院等。当然还遍布着不计其数但各具特色的咖啡馆、酒吧和啤酒馆（图4-2-17~图4-2-20）。

图 4-2-17 法国塞纳河滨水景观

图 4-2-18 法国塞纳河滨水景观

图 4-2-19 法国塞纳河滨水景观

图 4-2-20 法国塞纳河滨水景观

图 4-2-21 匈牙利布达佩斯多瑙河滨水景观

巴黎的塞纳河上横跨着36座桥梁，总长度可达5千米，每座桥的造型各具特色，包括玛力桥、王桥、新桥及亚历山大三世桥。玛力桥建于17世纪初路易十三时代，每个桥墩都塑了凹刻洞。王桥建于路易十四时代，成为巴黎人举办庆典的地方。新桥于1606年建成，长238米，宽20米，是巴黎塞纳河上最长的桥。桥有12个拱，每个拱上塑了不知名壮士的头颅。众多桥中最壮观的非亚历山大三世桥莫属，此桥为庆祝俄国与法国的结盟，由俄国沙皇尼古拉二世赠送给法国。该桥全长107米，宽40米，单跨钢结构桥拱，桥两端四只桥头柱上矗立着镀金青铜雕像，分别象征"科学"、"艺术"、"工业"与"商业"。

图 4-2-22 匈牙利布达佩斯多瑙河滨水景观

六、匈牙利布达佩斯多瑙河滨水景观

布达佩斯被誉为"多瑙河上的明珠"，多瑙河是布达佩斯的灵魂，多瑙河把这座城市从中间分成两半，一半是布达，一半是佩斯。布达在多瑙河西岸，依山而建，坐落着富丽堂皇的旧王宫、精致的渔人城堡，以及大教堂等著名建筑群。佩斯地势平坦，位于多瑙河东岸，矗立着匈牙利国会大厦、匈牙利科学院、佩斯舞厅、国家歌剧院和艺术宫等著名建筑（图4-2-21～图4-1-23）。布达和佩斯两座城市之间通过9座气势雄伟、风格迥异的桥梁连接起来，其中最著名的是修建于1839-1849年间的链子桥以及以奥地利皇后兼匈牙利王后茜茜公主的名字命名的、当时最长的眼杆链悬索结构的伊丽莎白桥（图4-2-24、图4-1-25）。

图 4-2-23 匈牙利布达佩斯多瑙河滨水景观

图 4-2-24 匈牙利布达佩斯多瑙河滨水景观
——链子桥

图 4-2-25 匈牙利布达佩斯多瑙河滨水景观
——伊丽莎白桥

第三节 欧洲城市滨水景观鉴赏

图 4-3-1 瑞士卢卡恩滨水景观

图 4-3-2 意大利威尼斯滨水景观

图 4-3-3 荷兰阿姆斯特丹滨水景观

图 4-3-4 丹麦哥本哈根滨水景观

图 4-3-5 瑞典斯德哥尔摩滨水景观

图 4-3-6 芬兰赫尔辛基滨水景观

图 4-3-7 挪威奥斯陆滨水景观

图 4-3-8 德国不来梅滨水景观

图 4-3-9 德国柏林滨水景观

图 4-3-10 德国法兰克福滨水景观

图 4-3-11 德国科布伦茨滨水景观

图 4-3-12 德国德累斯顿滨水景观

图 4-3-13 德国富森滨水景观

图 4-3-14 德国卡塞尔滨水景观